Black Tea

Bla

k Tea

Blac

Tea

私享红茶

于川 / 编著

百花文艺出版社
BAIHUA LITERATURE AND ART PUBLISHING HOUSE

图书在版编目（CIP）数据

私享红茶 / 于川编著．—天津：百花文艺出版社，2011.1

ISBN 978-7-5306-5743-0

Ⅰ．①私…　Ⅱ．①于…　Ⅲ．①红茶—基本知识　Ⅳ．①TS272.5

中国版本图书馆 CIP 数据核字（2010）第 255770 号

百花文艺出版社出版发行

地址:天津市和平区西康路 35 号

邮编:300051

e - mail:bhpubl@ public.tpt.tj.cn

http://www.bhpubl.com.cn

发行部电话:(022)23332651　邮购部电话:(022)23332478

全国新华书店经销

河北省三河市宏达印刷有限公司印刷

*

开本 787 × 1092 毫米　1/16　印张 9.25

2011 年 1 月第 1 版　2011 年 1 月第 1 次印刷

印数:1 – 4000 册　　定价:44.00 元

[目 录]
CONTENTS

红茶的基本知识

众所周知，是中国人最早发现和利用了茶，又把它当作人类文明的瑰宝介绍给了世界，并赋予了它远远超出其饮用功能的更深层次的文化内涵，让全世界都能歆享到这大自然赋予人类的恩赐。

作为风行世界的三大不含酒精饮料之首的茶，有其特殊的属性，正是由于它这种独特的属性，才使其千百年来长盛不衰，一直是最受人们欢迎的饮品。

● 茶的分类及其演变

茶在植物分类学中属于被子植物门，双子叶植物纲，原始花被亚纲，山茶目，山茶科，山茶属，起源于我国的西南地区。

茶最初被我们的远祖当作药材来使用，继而发展到食用，最后才是饮用。在功用不断变化的同时，茶的制作和加工工艺上也随着用途方式的不同而逐渐进化和演变。

在最初发现和利用茶的时候，茶仅局限于它的自然形态，也就是未加工过的散茶。及至人们把茶当作一种日常生活中的饮料的时候，茶的原料的选择与加工就提到了议事日程上来，尤其是茶的人工种植出现之后，对品种的优选也就自然而然地实现了。而随着饮茶方法的改变，茶叶的加工方法也不断丰富和变化起来，出现了绿茶、黄茶、白茶、黑茶、红茶、乌龙茶（又称青茶）等不同的品种。

茶的种类划分十分精细和复杂，某品种的茶，就可按其形状、加工方式分成几十大类，再加上产地和用料的不同，便有几百种之多，故有民谚云："茶叶喝到老，茶名记不了。"

● 红茶的基本知识

红茶是用鲜叶的芽叶，经过萎凋、揉捻、发酵、干燥等工艺处理，使绿叶变红叶，并以红艳为上，故称为红茶。

1. 红茶的产生

前面我们已经说过，随着饮茶习惯和形式的不断变化，茶的形式和品种也在不断改变，红茶的出现也不例外。红茶出现的确切年代目前已经很难考证，但可以肯定的是红茶最初同样是发端于我国，至迟在16世纪时我国的许多地区已经开始制作和饮用红茶了，明初刘基编著的《多能鄙事》一书中已经明确提到过“红茶”，可见当时的中国人已经开始制作和饮用红茶了。世界上最早的红茶品种是发源于我国福建武夷山的正山小种红茶。

武夷山茶园

正山小种红茶

2. 红茶的发展及“Black Tea”的来历

18世纪时，由于饮用习惯的关系，在我国福建武夷山地区又出现了工夫红茶，其制作和加工工艺也更为精良了。清雍正年间，武夷山区崇安知县刘靖在其所著《片刻余闲集》一书中提到福建崇安星村镇的工夫红茶时说：“山之第九曲处有星村镇，为行家萃聚。外有本省邵武、江西广信等处所产之茶，黑色红汤，土名江西乌，皆私售于星村各行。”

1650年，荷兰商人第一次将中国红茶带到了欧洲，随后，成立于17世纪初的英国东印度公司更是开始了大规模的茶叶贸易活动，源源不断地从中国福建向英伦三岛及欧洲大陆出口中国红茶。由于福建，特别是武夷山地区所出产的工夫红茶茶汤浓厚深重，因此被英国人称之为“Black Tea”，这一名称也从此成为红茶驰誉世界的大名。

18世纪东印度公司在印度加尔各答的“印度大厦”（现为印度西孟加拉邦邦政府所在地）

红茶最初传入欧洲时，由于是遥远东方来的珍品，“喝茶”堪称是一种极其奢侈的生活方式，只有上流社会的人们才能够享受得到。及至18世纪中期以后，随着中国红茶的生产技术不断进步和成熟，尤其是工夫红茶的出现，茶才真正进入了普通欧洲人的生活。到了 19 世纪 80 年代，我国红茶特别是工夫红茶，在国际市场上已经占据了绝对的统治地位。

欧洲人的饮茶习惯大大有别于中国，作为舶来品的工夫红茶登陆欧洲之后，其饮用方式也入乡随俗地改变了，欧洲人依旧按照先前他们饮用中国茶的习惯形式而饮用，而传统的欧洲饮茶形式多少还是受到了咖啡饮用方式的影响。由于工夫红茶在形式上逐渐难以满足欧洲人的饮用习惯，许多欧洲茶商开始从中国进口粗加工后的红茶，在欧洲按照当地的习惯和形式加工。特别是当红茶从中国被英国人“偷”到其殖民地印度之后，英国人便开始在印度大量地生产和加工符合欧洲人饮用习惯的红碎茶，这种情况在 20 世纪 20 年代达到了顶峰。

随着红碎茶在欧洲的不断盛行，我国的茶叶加工也受到了影响，20 世纪 50 年代起，为了满足茶叶出口的需求，中国也开始生产加工红碎茶。

英式茶具

3. 红茶的特性

红茶是一种全发酵茶，与我们日常最为熟悉的绿茶在加工工艺上有着许多区别和不同。制作红茶的茶叶采摘后除去经过通常的茶叶加工程序，如萎凋、揉捻、干燥等，还有一个特殊的步骤，那就是发酵。发酵是指茶叶在空气中氧化，进而发生化学反应。发酵作用使得茶叶中的茶多酚和单宁酸减少，其中茶多酚减少 90%以上，产生了茶黄素、茶红素等新的成分和醇类、醛类、酮类、酯类等芳香物质，芳香物质从鲜叶中的五十多种，增至三百多种。经过发酵后的红茶呈红黑色，或黑色中夹杂嫩芽的橙黄色，茶汤呈深红色，芳香浓郁，口感甘美、醇厚。

经过发酵后的红茶，芳香能够长时间地保持，更适合长途运输和长期贮存，正因为如此，它才能更好地将茶叶的特性表现给那些远离茶叶产地的欧美消费者，并大受青睐。

云南茶农采茶

4. 红茶的产地

茶树的生长需要特殊的地理和气候环境，通常只有在降水丰沛的热带或亚热带地区，土壤呈弱酸性，且排水性良好的环境下才能生长。因此，目前世界上主要的红茶产地多集中于能够满足上述自然条件的中国东南和西南地区，南亚次大陆的印度、孟加拉、尼泊尔及斯里兰卡，非洲的东部、东南部和南部等地。

5. 红茶的分类

红茶的分类是一件十分复杂的事情，甚至迄今为止在世界范围内也没有一个完善的分类体系。在本章节中，笔者将根据红茶的特性从几个方面归纳总结其分类方法，力争以比较科学和系统的方法将各种红茶品类分门别类地加以概括和区分。

（1）以原茶叶片划分

按照叶片的大小来划分茶树树种，可将世界上所有茶树分为特大叶种、大叶种、中叶种和小叶种四大类，其中特大叶种的茶树比较罕见，几乎可以忽略不计，因此常见的制作红茶的茶树通常为大叶种、中叶种和小叶种。

大叶种红茶

所谓“大叶种”茶树是指成熟后的茶叶叶片长度在10cm以上的茶树，以大叶种茶树的茶叶制作出来的红茶就称为“大叶种红茶”，其中比较著名的包括印度阿萨姆红茶和我国云南出产的滇红工夫等。

印度阿萨姆红茶

中叶种红茶

中叶种茶树的叶片为 5–10cm，最著名的首推我国的祁门红茶。

祁门红茶

小叶种红茶

小叶种茶树的叶片成熟之后通常在 5cm 以下，这种茶叶最大的特点就是高香浓郁，以我国的正山小种和印度大吉岭红茶为代表。

大吉岭红茶

（2）以产地划分

我们知道，世界上现有的红茶从物种上来说，都是发端于我国的小种红茶，只是后来经过不同地区的引种和培育，在亚种群上有所变化而已。因此，通常人们在区分红茶品种时，往往更习惯于以其产地的不同而加以区分。目前世界上最知名的红茶品种有中国红茶、中国台湾红茶、印度红茶、

肯尼亚妇女在茶园采茶

锡兰红茶、肯尼亚红茶等。

（3）以外形划分

制成的红茶根据外形可分为条形茶和碎形茶两大类。

条形茶是将采摘后的原茶经揉捻成型后制作而成，适合以壶泡方式冲泡；碎形茶则需要经过CTC，即“切”、“撕”、“揉”成碎片或颗粒，甚至粉末后，将原茶破碎后再进行进一步的加工制作而成，通常被做成冲泡便利的袋泡茶，适合讲求速度的现代社会。

条形茶

碎形茶

（4）以拼配划分

为丰富或改善某种红茶的风味和风格，人们经常将两种或两种以上的单一品种的红茶按照一定比例拼配在一起，这种经过拼配后制成的红茶称之为拼配茶（Blended），而未经过拼配的单一品种的红茶则称之为非拼配茶（Non-Blended）。

通过拼配可以改善茶叶的香气、口感和茶汤的颜色，从而获取最佳的效果。目前几乎所有的袋泡茶都是由拼配茶制成的。

著名的英国下午茶（English Afternoon）通常就是由印度阿萨姆、锡兰和肯尼亚红茶拼配而成的。

（5）以口味划分

在红茶的制作和饮用过程中，人们根据特定的饮用习惯和口味，将一些辅助性的香料、酒、香味或甜味剂、水果、花、各类香草，甚至草药加入红茶，在原本单一品种的红茶基础上演化出不同口味和风格的红茶品种，这种添加了改变茶叶原味的辅料的红茶叫做“调味茶”（Flavoured）或“加味茶”，而那些没有添加过辅料的原味红茶则称之为“非调味茶”（Non-Flavoured）或者“原味茶”。

调味茶

著名的英国的伯爵茶（Earl Grey tea）就是在单一红茶中加入了佛手柑精油及其他水果制成的，印度的阿萨姆奶茶（Masala chai）和我国的岭南荔枝红茶也属于典型的调味红茶。

（6）以饮用时间划分

红茶虽说是原产于我国，但却

盛行于欧美，欧美人在饮用红茶时，习惯于在每天的不同时段里饮用不同品种的红茶，这种饮茶习惯便衍生出了不同的红茶品种，如英国早餐茶（English Breakfast）、苏格兰早餐茶（Scottish Breakfast）、爱尔兰早餐茶（Irish Breakfast）、英国下午茶（English Afternoon）、苏格兰下午茶（Scottish Teatime）等等。

英国著名的川宁早餐茶

6. 红茶的加工

前面我们已经提到了，红茶的加工方式与其他茶种有所区别，最关键的是在加工过程中采用了发酵工艺，那么具体的红茶加工方式又是如何呢？

首先，用来制作红茶的茶叶在采摘后，新鲜的叶片先要经过萎凋。

所谓萎凋是茶叶加工中的一道普遍工序，是几乎所有品种的茶的第一道加工工序。萎凋就是将采下的鲜叶按一定厚度摊放，通过晾晒，使鲜叶呈现凋谢、打蔫的状态。萎凋过程中，鲜叶发生一系列变化：水分减少，叶片由脆硬变得柔软，便于揉捻成条；叶中所含酶类物质的活性增强，促使淀粉、蛋白质、不溶性原果胶等鲜叶成分发生分解、转化，生成葡萄糖、氨基酸、可溶性果胶等有利于成茶品质的有效物质，多酚类物质也程度不同地氧化。正常而有效的萎凋，使鲜叶的青草气消退而产生清香，并有水果香或花香，成茶滋味醇而不苦涩。萎凋需要适宜的温度、湿度和空气流通等条件。传统的萎凋方法主要有日光萎凋法，也叫“日晒法”，和室内自然萎凋法，也称之为“摊晾法”，以及兼用上述两种方法的复式萎凋三种方式。近年来，萎凋工艺中开始采用人工控制的半机械化萎凋设备“萎凋槽”来进行茶叶的萎凋加工，这种方法大大提高了萎凋效率，缩短了萎凋时间，同时在萎凋品质上也得到了充分保障。通常情况下，经过萎凋的红茶含水量较之新鲜的茶叶会下降至 60%左右。

茶叶经过萎凋加工后便进入了成型工序。常见的红茶成型工艺有两种，

室内自然萎凋

萎凋槽

即“传统成型法”和“碎茶制作法”。

传统成型法

红茶加工中的传统成型方法又分为手工和机械两种，但不论是采用手工还是通过机器完成，都是通过揉、捻等方式将萎凋后的茶叶制作成型，当然，这其中还是以纯粹手工加工出来的茶叶的品质和外形为最佳。在采用传统成型方法加工红茶的过程中，加工者会根据所要加工的原茶的品质的不同而采用不同的手法，因此，采用这种方法加工出来的红茶多为高质量的散茶，我国的大部分小种红茶和工夫红茶都是采用传统成型方法加工而成的。

传统机械成型

碎茶制作法

这种方法专门用于“碎红茶”的制作，又可分为“传统方法”和“非传统方法”。

“传统方法”是将萎凋后的原茶通过“平揉”、“平切”等方法制成红碎茶，以此方法制出的红碎茶品质高，但产量较低。

“非传统方法”包括“洛托凡（Rotovane）法”、“CTC 法”和“LTP 法”等方法。

“洛托凡（Rotorvane）法”也称作“转子法”：1958 年印度托克莱茶叶试验场的技师麦克·泰尔（Mc.Tear）研制出“洛托凡（Rotorvane）揉切机”，用于加工红碎茶，这种机器的核心部分为一个带有刀具的转子，故采用这种机器加工红碎茶的方法又被称之为“转子法”。

所谓“CTC”是英文“Crush”、“Tear”和“Curl”三个字母的缩写，意为“碾碎”、“撕裂”和“卷起”，从字面上就不难理解，这种方法包括了“碾碎”、“撕裂”和“卷起”等工序。

“LTP法”是采用锤击机加工红碎茶的方法，这种机器被称之为“Laurie Tea Processer”，LTP是其英文缩写。

“非传统方法”完全是通过机械完成的，这种方法通常只用于那些中低档的红茶加工，红茶中的袋茶都是以此方法加工而成的。

成型之后便是发酵。

CTC 方法加工

发酵是指茶叶在空气中氧化，进而产生化学反应，红茶的发酵是在控制的温度和湿度下进行的。发酵的水平决定着茶的质量。

发酵结束后便进入干燥工序了。

发酵

所谓干燥工序就是将发酵好的茶叶通过一定的温度加以干燥，以阻止茶叶的进一步发酵，将其氧化程度控制在一个适当的范围之内。

干燥之后的茶叶已经成为真正的红茶了，而后再需要经过“筛选”，即将茶叶按照大小筛选出“整叶”、“碎叶”、“茶末”、“茶粉”等不同的品类。

筛选之后便进入了最后一道工序——包装。包装之后，整个红茶加工工

干燥

筛选

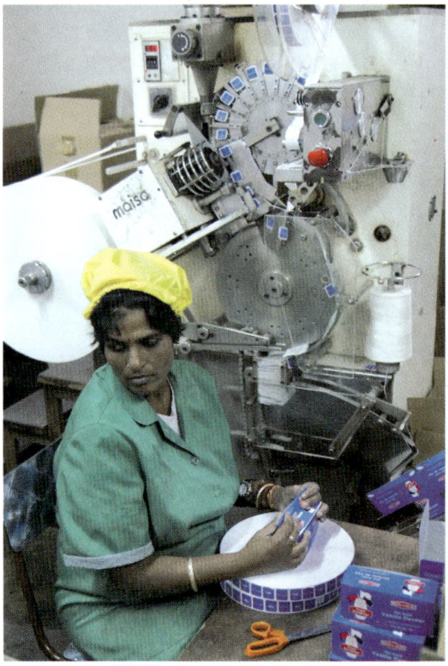
包装

序即告全部完成。

7. 红茶的规格

我国的红茶规格划分相对比较模糊和粗放，而这一点上西方人则做得比较到位。早在一百多年前，英国人就制订了比较明确的红茶规格划分标准，将红茶按照茶叶在茶树上自然生长部位和加工后茶叶的形状从高至低分为白毫、碎白毫、片茶、小种、茶粉和切碎-撕裂-卷曲红茶六种规格。

白毫（Pekoe 简称 P）——指带有白色茸毛的茶叶嫩芽。

碎白毫（Broken Pekoe 简称 BP）——切碎或不完整的白毫。

片茶（Fannings 简称 F）——指比碎白毫更小的细片。

小种（Souchong 简称 S）——小种茶。

茶粉（Dust 简称 D）——茶粉或末茶，主要用来做袋茶。

切碎－撕裂－卷曲红茶（Crush Tear Curl 简称 CTC）——以 CTC 法加工的红茶。

白毫

碎白毫

片茶

小种

茶粉

切碎-撕裂-卷曲红茶

8. 红茶的等级

西方人习惯上根据茶叶采摘部位的不同和规格的不同，将红茶分为不同的等级。红茶的分级又分为“普通分级”和“专业分级”两类，前者相对简单，后者更为系统和专业。

（1）普通分级

普通分级通常是根据茶叶的采摘部位由高至低将茶叶分为：

花橙白毫（Flowery Orange Pekoe 简称 FOP）——茶枝最顶尖的嫩芽。

橙白毫（Orange Pekoe 简称 OP）——茶枝最顶起数的第二片叶子，若新叶以一对形式出现，则两片都是 OP。

白毫（Poeke 简称 P）——茶枝最顶起数的第三片叶子。

正小种（Pure Souchong 简称 PS）——茶枝最顶起数的第四片叶子。

小种（Souchong 简称 S）——茶枝最顶起数的第五片叶子。

碎橙白毫（Broken Orange Peoke 简称 BOP）——切碎了的橙白毫。

碎白毫（Broken Orange Pekoe 简称 BP）——切碎了的白毫。

碎正小种（Broken Pure Souchong 简称 BPS）——切碎了的白毫小种。

碎橙白毫片茶 （Broken Orance Pekoe Fannings 简称 BOPF）——切碎了的橙白毫细片。

茶粉（Dust 简称 D）——切成粉末状的红茶，主要用来做茶包。

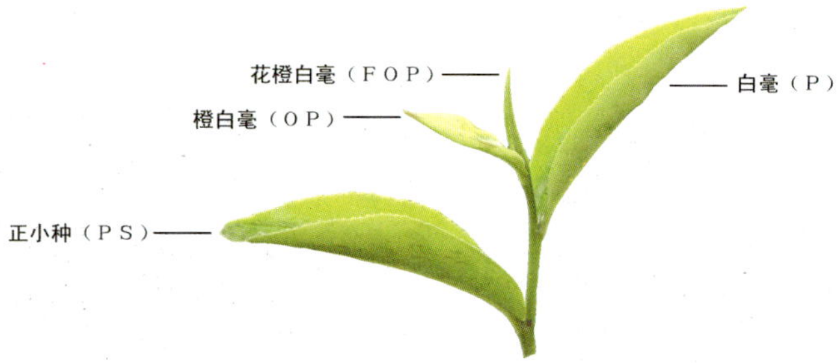

茶叶部位名称示意图

（2）专业分级

专业分级按照茶叶的外形将其分为条形茶、碎茶、末茶和茶粉等四大类，每一类又会具体划分为不同的许多等级。

条形茶等级

条形茶在西方红茶概念中也叫做“全叶茶”（Whole leaf），其等级由低至高依次为：

OP（Orange Pekoe）——橙黄白毫，是红茶生产中的主要等级。

OP sup（Orange Pekoe Superior）——高级橙黄白毫，是印度尼西亚红茶中的一个等级。

F OP（Flowery Orange Pekoe）——花橙黄白毫，在印度阿萨姆、大吉岭和孟加拉国出产的红茶中属于二级，但在中国红茶中则属于一级。

F OP1（Flowery Orange Pekoe First Grade Leaves）——一级花橙黄白毫，FOP 级中最好的茶叶，在印度阿萨姆、大吉岭和孟加拉国出产的红茶中属于二级，但在中国红茶中则属于一级。

GF OP1（Golden Flowery Orange Pekoe First Grade Leaves）——一级金花橙黄白毫，比 FOP 的等级更高，在印度阿萨姆和大吉岭红茶中比较少见。

TGF OP（Tippy Golden Flowery Orange Pekoe）——毛尖金花橙黄白毫，高于 GF OP1，是印度大吉岭、阿萨姆红茶的主要等级。

TGF OP1（Tippy Golden Flowery Orange Pekoe）——毛尖金花橙黄白毫，TGFOP 级中最优质的茶叶。

FTGF OP （Finest Tippy Golden Flowery Orange Pekoe）——顶级的毛尖金花橙黄白毫。通常是顶级茶园出产的顶级茶叶，并由手工加工制作。

碎茶等级

碎茶（Broken leaf）的等级由低至高依次为：

BT（Broken Tea）——通常颜色较黑，松散，茶叶肥厚而大，主要产在印尼苏门答腊、斯里兰卡和印度南部的一些地区。

BP（Broken Pekoe）——碎白毫，最常见的红茶等级，主要产自印度尼西亚、斯里兰卡和印度南部。

BPS（Broken Pekoe Souchong）——碎白毫小种，主要产自印度阿萨姆和大吉岭。

FP（Flowery Pekoe）——碎花白毫，产于斯里兰卡、印度南部及肯尼亚的一些地区。

BOP（Broken Orange Pekoe）——碎橙黄白毫，产于斯里兰卡、印度南部、印度尼西亚爪哇岛和中国。

F BOP（Flowery Broken Orange Pekoe）——碎花橙黄白毫，产于印度阿萨姆、斯里兰卡、印度尼西亚、中国和孟加拉国；南美的一些国家也有出产，不过更细碎，颜色也较黑。

F BOP F（Finest Broken Orange Pekoe Flowery）——极品的碎花橙黄白毫，主要产自锡兰的“低地产区”。

G BOP（Golden Broken Orange Pekoe）——碎金橙黄白毫，高档的碎形茶。

GF BOP1（Golden Flowery Broken Orange Pekoe 1）——碎金花橙黄白毫，是 GFBOP 等级中最高的。

TGF BOP1（Tippy Golden Flowery Broken Orange Pekoe 1）——碎毛尖金花橙黄白毫，是碎茶中的顶级产品，产于印度大吉岭、阿萨姆邦的一些优质地区。

末茶等级

末茶（Fannings）等级由低至高依次为：

PF（Pekoe Fannings）——白毫末茶。

OF（Orange Fannings）——橙白毫末茶，出产于印度北部、非洲和南美一些地区。

FOF（Flowery Orange Fannings）——花橙白毫末茶，产自印度阿萨姆邦、大吉岭和孟加拉国大部分地区，有的大小接近于碎茶。

GFOF（Golden Flowery Orange Fannings）——金花橙白毫末茶，是最好的印度大吉岭末茶。

TGFOF（Tippy Golden Flowery Orange Fannings）——毛尖金花橙白毫末茶。

BOPF（Broken Orange Pekoe Fannings）——碎橙黄白毫末茶，产自斯里兰卡、印度尼西亚、印度南部、肯尼亚、莫桑比克、孟加拉国和中国，是末茶中最主要的等级。

茶粉等级

茶粉（Dust）的等级相对简单一些，由低至高依次为：

D1（Dust 1）——一级茶粉，产于斯里兰卡、印度尼西亚、中国、非洲、南美洲和印度南部。

PD（Pekoe Dust）——白毫茶粉。

PD1（Pekoe Dust 1）——一级白毫茶粉，主要产于印度。

红茶等级划分

中国红茶

红茶是我国第二大茶类，其产销量和饮用量均仅次于绿茶。我国是红茶的故乡，16世纪时已经开始生产和饮用红茶，到清代时，我国的红茶已经发展成包括“工夫红茶”、“小种红茶”等几大门类的茶种，且开始远销欧美各国。

我国目前有19个省区产茶，出产各种红茶的省区有福建、云南、海南、广东、广西、贵州、湖南、湖北、四川、江西、浙江、安徽、江苏和台湾等14个省区，可以说几乎所有大的产茶省区都出产红茶。

目前，我国大陆地区出产的红茶根据产地和制造方法的不同，可分为小种红茶、工夫红茶、红碎茶三大种类，我国红茶无论是在产量还是国际市场占有率上都居世界前列。

除了我国大陆地区出产各种高品质红茶之外，我国的台湾地区也是当今世界上著名的红茶产区，其所出产的红茶在品种和类别上都较大陆地区有较大区别，品质也属上乘。

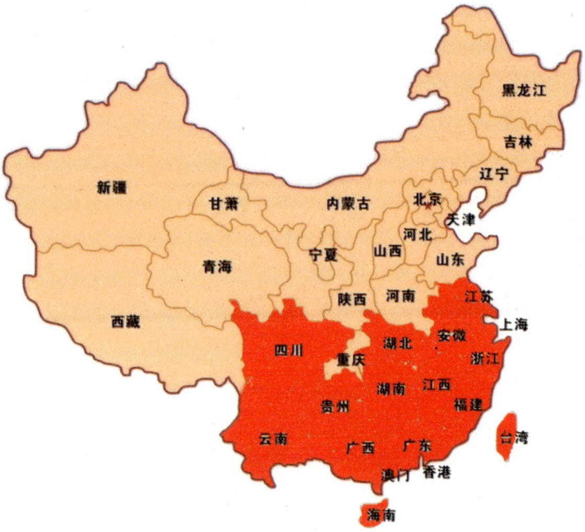

中国红茶产区示意图

● 大陆红茶种类

中国大陆地区的红茶分为小种红茶、工夫红茶、碎红茶三大种类。

1. 小种红茶

小种红茶起源于16世纪,最早出产于福建武夷山,是世界红茶的鼻祖。小种红茶又分为正山小种和外山小种两种。正山小种是指原产于福建崇安县星村和桐木关一带的小种红茶,也称“桐木关小种”或“星村”小种;外山小种则是指福建的政和、坦洋、古田、沙县及江西铅山等地引种的小种红茶,也称“人工小种”。正山小种主要产区福建崇安县星村和桐木关一带地处武夷山脉之北段,海拔1000–1500米,冬暖夏凉,年均气温18℃,年降雨量2000毫米左右,春夏之间终日云雾缭绕,茶园土质肥沃,茶树生长繁茂,叶质肥厚,持嫩性好,成茶品质特别优异,几百年来一直在全世界红茶爱好者中享有盛誉。

2. 工夫红茶

工夫红茶是我国特有的红茶品类,18世纪发端于我国的福建省。我国的工夫红茶做工精细,色、香、味都堪称上乘。工夫红茶制作工艺考究,要求索紧卷、完整、匀称、洁净,加工后的茶叶形状紧结秀丽,色泽乌黑润泽,汤色红艳明净,香气醇正,叶底匀嫩鲜红。我国工夫红茶根据加工后的外形和规格又可分为正茶、花香、片、末等。现在我国的工夫红茶早已不仅仅局限于福建一省,品种众多,著名的品种包括滇红工夫、祁门工夫、浮梁工夫、宁红工夫、湘红工夫、闽红工夫、越红工夫、台湾工夫、江苏工夫及粤红工夫等。我国工夫红茶按原茶品种又分为“大叶工夫”和“小叶工夫”。大叶工夫茶是以乔木或半乔木茶树鲜叶为原料制成,小叶工夫茶是以灌木型小叶种茶树鲜叶为原料制成。

3. 碎红茶

我国的碎红茶生产较晚,源于印度等国红茶生产的影响和世界红茶市场的需求而发展起来,直到20世纪50年代后期才开始形成规模。近年来,我国的碎红茶产量和质量都有了大幅度的提高,已经在国际碎红茶市场上占有了举足轻重的地位。

工夫小种

除去上述三大红茶品种之外,我国的“工夫小种”红茶也是一个较大的红茶品类。“工夫小种”又称“仿小种”,是以加工工夫红茶时筛选下来的粗大茶条为原料,用柏木烟熏而成。“工夫小种”条索粗大,色泽乌暗,茶汤呈暗红色，鲜润浓艳，有柏木烟香，口感醇厚，叶底红暗，品质低于“正山小种”。

● 台湾红茶

台湾的茶叶种植和生产源自大陆，特别是福建等省份的移民，因此其最初的茶树品种和种植、加工方式深受大陆地区的影响。一百多年前，台湾茶农也开始以原产于福建的小种茶来生产制作红茶，从此台湾红茶的空白得以填补。

由于历史上先后多次遭受殖民统治，台湾地区的消费者对于红茶的口味要求更接近欧洲人的习惯。至 20 世纪初叶，台湾人已经不满足于传统的小种红茶，开始着手茶树品种的改良，希望能够寻找到一种既在种植上适合台湾的土壤和气候，在成茶口味上又更贴近台湾消费者习惯的红茶品种，终于在 1926 年成功引种了著名的用以制作红茶的茶树品种——印度阿萨姆（Assam）大叶种茶树，从此，台湾红茶开始了其辉煌的历程。

台湾的阿萨姆大叶茶树种植到 1966 年已达 1815 公顷，成为世界上最具影响和规模的红茶产区之一。1977 年台湾南投县政府为加强促销此地红茶，特将台湾红茶命名为“日月潭红茶”。从外形上来说，台湾红茶分为条形红茶、切菁红茶及碎红茶三大类。受原产茶树品种影响，台湾红茶口味甘甜，不苦涩，茶汤呈朱红色，入口浓郁香醇，特别适合制作奶茶。

● 红茶名品

我国的红茶种类繁多，名品更是不胜枚举，下面主要将一些著名和常见的品种介绍给大家，以期对红茶爱好者在日常选购和品茗过程中有所帮助。

祁红——即“祁门红茶”，是我国传统名茶，也是世界上最著名的中国红茶品种，以高香闻名，为世界公认的三大高香红茶之一，1915 年在巴拿马万国博览会上荣获一等金质奖章和奖状。祁门红茶产于安徽省祁门、东至、贵池、石台、黟县，以及江西的浮梁一带，其中以祁门的历口、闪里、平里一带出产的红茶为最佳。这里土质肥沃，气候温湿，茶叶质柔嫩，加之采制工夫独特，使红茶形质兼美。祁门红茶的历史至今已逾百年，大约在 1875 年，祁门人胡元龙借鉴了外省的红茶制法，在祁门加工出了红茶。祁门红茶分有诸多种类，其中以工夫茶为主，其外形条索紧密，锋杪秀丽，色泽乌润，茶汤红艳

祁门毛峰

祁门工夫

通透，呈蜜糖香，浓郁持久，叶底红艳光亮。祁门红茶素有“茶中英豪”之誉，堪称中国第一红茶。

闽红——产于福建省的福鼎、福安、政和等县，其中包括著名的闽北三大工夫茶：政和工夫、坦洋工夫、白琳工夫等品种。政和工夫条索紧密肥厚，白毫丰富，乌黑油亮，茶汤呈金红色，香气浓烈，口感醇厚，叶底红艳而明亮，耐冲泡，素有“三泡味不淡”之誉；坦洋工夫条索坚密，外形整齐均匀，富有白毫，颜色乌黑润泽，茶汤浓艳，鲜香清淡，口感厚重，叶底呈略暗之红色；白琳工夫条索紧密细致，均匀整齐，略呈弯曲状，乌黑光鲜，黄毫丰富，茶汤较淡，明亮鲜丽，香气细腻淡雅，口感甘醇，叶底鲜红亮丽。除去闽北三大工夫之外，闽红中的莲心红茶也享有盛名，其条索紧凑密实，细致纤巧，外形有如莲心，因而得名，口味略嫌清淡，毫香丰富，茶汤呈金色，叶底明亮红艳。

政和工夫

坦洋工夫

白琳工夫

滇红——产于云南省的西双版纳一带，其中以风庆县所产之品质最佳。滇红产地地处高原，云雾缭绕，降水丰沛，气候温和，四季如春，极其适宜茶树的生长。此地的茶树枝肥叶茂，以之为原茶制成滇红品质极佳，条索紧密肥厚，富有金毫，乌黑油亮，茶汤浓艳，浓香馥郁，且有独特的焦糖香味，叶底呈紫铜色般红色。滇红有“茶中明星”之美誉。

滇红

川红——产于四川省宜宾一带。其外形条索紧密均匀，色泽温润，茶汤红艳亮丽，口感醇厚，叶底红润鲜亮。

川红工夫

宜红——原茶产于湖北省宜都、五峰、鹤峰等地，加工则在该省的宜昌完成，因此被称为“宜红”。宜红外形条索紧细有金毫，味醇厚鲜爽，茶汤红润清澈，香气鲜高，口感醇厚，叶底红艳亮丽。宜红工夫还包括了湘西石门、慈利、桑植、大庸等县市所产的“湘红工夫”。

宜红工夫

湖红——产于湖南省安化、桃源、涟源、邵阳、平江、浏阳、长沙等地。湖红工夫红茶以安化工夫为代表。湖红工夫外形条索尚紧、匀齐，色泽乌暗，汤色红暗，香气较平淡，滋味醇正较粗，叶底呈红带花青色。平江工夫香高，但欠匀净；新化、桃源工夫外条索紧细，毫较多，锋杪好，但叶肉较薄，香气较低；涟源工夫红茶系新发展的工夫红茶，条索紧细，香味较淡。

湖红工夫

宁红——宁红工夫历史悠久，产于江西修水，该地气候、土壤独特，长年云凝雾绕，其茶外形条索紧结秀丽，茶汤鲜红亮丽。清道光年间（1821-1850），宁红已畅销欧美；光绪四年（1878 年），宁红贡茶在南洋劝业赛会上获最高等文凭；清宣统二年（1910 年），宁红贡茶在南洋劝业赛会上夺魁，荣获最优超等奖；1915 年，宁红工夫在美国旧金山"巴拿马"太平洋万国博览会上荣获甲级大奖章。湖南省的长寿街及浏阳大围山一带所产的工夫红茶也被归入"宁红"。

宁红工夫

越红——越红工夫产于浙江绍兴、诸暨、嵊县等县。该茶外形条索细致，略显空松，多见扁条，色泽乌润，外形优美，叶张较薄，汤色红亮较浅，香气较高，口味稍嫌平淡，叶底稍暗。

越红工夫

英红——产于广东省英德，也称“粤红”。英红工夫外形条索结实、匀净，金毫显露，色泽乌润，茶汤鲜红，香味浓强，滋味爽朗。英红碎茶可与世界上著名的印度、锡兰红茶媲美，与“滇红”和“祁红”并称为中国三大著名出口红茶。英红中著名的“英红九号”曾被英国女王伊丽莎白二世指定为皇家用茶。

英红工夫

英红九号

九曲红茶——也称“九曜红枚”、“九曲红梅”，产于西湖区周浦乡的湖埠、上堡、大岭、张余、冯家、灵山、社井、仁桥、上阳、下阳一带，尤以湖埠大坞山所产品质最佳。大坞山高五百多米，山顶为一盆地，沙质土壤，土质肥沃，四周山峦环抱，林木茂盛，遮风避雪，掩映烈阳，地临钱塘江，江水蒸腾，山上云雾缭绕，适宜茶树生长和品质的形成。该茶外形条索紧细，茶形如九道曲弯，因此得名，白毫显露，色泽乌润，汤色红亮，香气如兰，滋味鲜醇甜润，稍淡，叶底淡红。

九曲红茶

台湾日月潭红茶——台湾日月潭红茶又称作“红玉红茶”，佳品极多，尤以近年来风靡世界的“台茶 18 号”为最。台茶 18 号系台湾茶人经过多年研究和试验，将原产于一道的阿萨姆大叶种茶与台湾小种茶配花后所产之茶叶为原茶，配以先进工艺创制而成，条索紧结，厚壮，色泽乌润，有独特的天然肉桂和薄荷香气，口感甘醇，茶汤红亮，叶底朱红。

台湾红茶

台茶 18 号

印度红茶

● 发端与发展

世界公认中国是茶的故乡，中国的茶树是世界上所有国家茶树种植的鼻祖，印度自然也不例外。但自 1823 年，驻印度的英国少校 Robert Bruce 在印度阿萨姆省沙地耶（Sadiya）发现了野生茶树后，一些欧洲和印度植物学家们开始宣扬印度是野生茶树的原产国这一论调。不过最终的研究结果表明，印度发现的野生茶树不过是我国西南地区野生茶树的变种而已，这一结论无疑让那些试图推翻中国是全世界茶树的故乡这一事实的人们大失所望。但我们在为自己的国家感到骄傲之时，却也不该盲目自大，因为，印度这个从中国引种茶树的国家，已经成为了我们在国际茶叶市场上最强悍的竞争对手。

印度最早的野生茶树几乎没有什么商业价值，1598 年，荷兰人 Jan Huyghen van Linschoten 在他的印度游记中记述说，印度人把一种叶子当作蔬菜和咖喱、油一起煮来吃，甚至把这种叶子煮来当作一种酿制的饮料喝。1788 年，英国的植物学家班克斯（Joseph Banks）曾经向英属东印度公司报告说，在印度东北的英国属地之中的气候，非常适合茶叶的种植，建议从中国引种茶树，但他的意见终究没有被采纳。

1823 年英国少校苏格兰人 Robert Bruce 在印度阿萨姆地区发现了野生茶树后，采集了茶树幼苗和种子带到印度的加尔各答，希望能够在英国殖民当局的支持下，在印度推广人工茶树种植，但由于其时英国的东印度公司垄断了中国茶叶的贸易，对这一建议并没有表示出任何的兴趣。

1833 年开始，东印度公司逐步丧失了对中国茶叶的垄断，在欧洲市场上的茶叶贸易份额也大幅度下降，不甘就此失去巨额利润的东印度公司这才把目光转向了印度的茶叶种植。Robert Bruce 的弟弟 Charles Bruce 受该公司的委派，负责培育茶树幼苗，但似乎收效不大，野生茶树的人工培育和遴选并非一件易事。于是，英国人便派人远赴中国负责收集了 80000 颗茶种子，从此中国人工茶树品种正式在印度扎下了根。不久之后，东印度公司又从中国请来了二位制茶专家，在他们的指导下，东印度公司掌握到制茶的技术。

东印度公司从中国引种了茶树，又学会了制茶技术，但印度的茶树种植和制茶业却依旧停留在一个初级阶段，引种技术和制茶技术的局限，使得印度所产之茶远不如中国茶叶，在国际茶叶贸易市场上根本无力与中国茶抗衡。鉴于这种情况，英国人又开动了脑筋，试图从中国引进更好的茶树品种以及更精湛的制茶工艺。但他们的企图却遭到了当时中国清政府的抵制，几次努力都未有成效，令英国人一筹莫展。茶叶贸易巨大的利润让东印度公司难以释怀，最后，他们找到了曾经曾作为伦敦园艺会领导人于 1842 至 1845 年间在中国居住过的英国植物学家罗伯特·福钧（Robert Fortune），来完成从中国盗取茶树种子和制茶技术这一艰巨的任务。19 世纪中叶正值鸦片战争前后，中国人对欧洲人非常敌视。福钧因为在中国生活过，对中国的民俗民风颇有了解，他接受了任务之后，乔装打扮，戴上了假发辫，穿上了中式的服装，潜入盛产绿茶的黄山。旅途中，福钧了解到气候和土壤对茶业种植的影响、茶叶的处理过程，以及红茶和绿茶的不同，最终成功地搜集到大量的树苗和种子，并从中国招聘了十名种茶、制茶以及制作茶叶罐的工人。1851 年 3 月福钧带着茶树种子和中国工人乘船回到了印度加尔各答，不久之后，这些茶树种子被栽种到喜马拉雅山南坡，同来的中国工人也将茶叶的种植和加工技术传授给了印度农工们，印度的茶叶种植和加工业也从此正式起步，到了 20 世纪之初，英国终于结束了饮用中国茶为主的时代，取而代之的是印度和同样曾作为英国殖民地的斯里兰卡生产的红茶。

福钧和他的妻子、孩子

福钧的著作

如今印度茶叶的种植水平相当高，产量和品种也都属上乘，以生产红茶为主，但也少量生产白茶与乌龙茶。目前印度的茶叶年产量在 95 万吨以上，茶叶种植和加工也已经成为了该国国民经济的重要支柱，全国 22 个邦均产茶。阿萨姆是印度最大茶区，产量约占全印总产量的 50%以上。印度许多茶叶质量优良而稳定，其中大吉岭茶更是享有世界声誉的优质茶。

● 阿萨姆红茶

阿萨姆（Assam）是印度的一个邦，位于印度东部，喜马拉雅山南麓，雅鲁藏布江（印度人称“布拉玛普特拉河”）下游的阿萨姆溪谷一带，与孟加拉国及缅甸接壤。阿萨姆地区日照充足，降水丰沛，土壤条件优越，极其适合茶树的种植和生长，历史上曾经是印度野生茶树生长最集中的地区。历史上，阿萨姆是继中国以后世界上第二个商业茶叶生产地区。

阿萨姆是印度茶叶产量最大的地区，由于当地日照强烈，因此当地茶农结合这一特点，创立出独特的茶树栽培技术，即在茶园间种植高大树木，为茶树遮荫，以避免过度日照对茶叶品质造成的危害。

阿萨姆邦采茶的妇女们

1. 阿萨姆红茶的特色

阿萨姆红茶外形细扁，色呈深褐，茶汤深红稍褐，香气独特，有淡淡的麦芽香和玫瑰香，口感甘醇浓烈，以 6–7 月采摘的品质最优，但 10–11 月产的秋茶较香。阿萨姆红茶与中国祁门红茶、印度大吉岭红茶和锡兰高地红茶并称为“世界四大红茶”，是冬季最佳饮品。阿萨姆红茶非常适合添加牛奶冲泡成奶茶，著名的“阿萨姆奶茶”，又称“马萨拉奶茶”（Masala），口感柔润香醇，余韵无穷。

阿萨姆奶茶

阿萨姆地区特有的独角犀是世界上著名的珍稀动物，因此独角犀也成了经过印度茶叶局认证的阿萨姆红茶的特有标志，只有具备了这个独角犀标志的印度红茶，才是真正的阿萨姆红茶。

阿萨姆红茶标志

2. 著名茶园

阿萨姆地区茶树种植广泛，茶叶加工厂众多，除去一些被茶叶巨头垄断的茶园和茶叶加工厂之外，也保留着一些颇具特色的茶园，这些茶园规模通常不大，但精湛的种植和加工技术确保了它们所出产的红茶具有极高的品质，较之集约化生产的茶叶巨头来说，更具代表性和特色。其中较为著名的茶园包括：

Halmari Estate

印度阿萨姆邦的 Halmari Estate 是世界一流的茶园，茶树种植面积达 275 公顷，茶园至今已有超过五十年的历史，所产的红茶品质极佳，芬芳馥郁，麦芽香显著，汤色红润光亮，曾经创造出世界茶叶拍卖史上的最高价。

Halmari Estate 出产的碎红茶适合制作奶茶和英式早茶。

Halmari Estate 的 TGF OP1 红茶

Mangalam Estate

Mangalam estate 出产的红茶是阿萨姆红茶的代表，具有典型的阿萨姆红茶的特色，其麦芽香明显，并富有水果和香料的香气，留香持久，口感醇厚、浓烈，是英式下午茶的最佳选择之一。

Mangalam Estate 的 FTGF OP1 红茶

Ethelwold Estate

Ethelwold estate 所产的红茶可以说是阿萨姆红茶中的另类，它不像大多数阿萨姆红茶那样浓烈，而是具有一种高贵的优雅和爽滑，麦芽香浓郁，茶汤通透亮丽，是极少可以清饮的阿萨姆红茶品种。

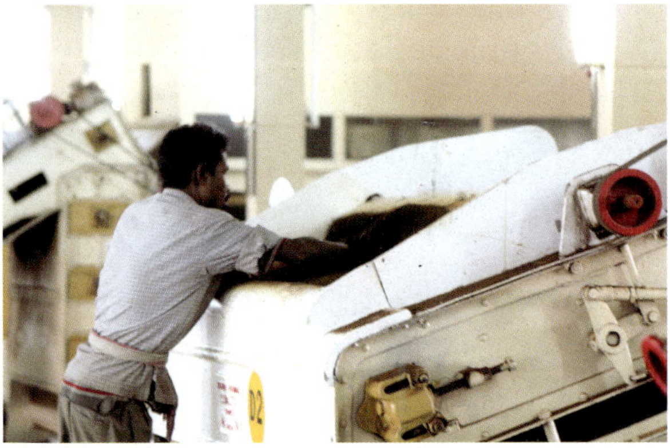

Ethelwold Estate 的茶叶加工厂

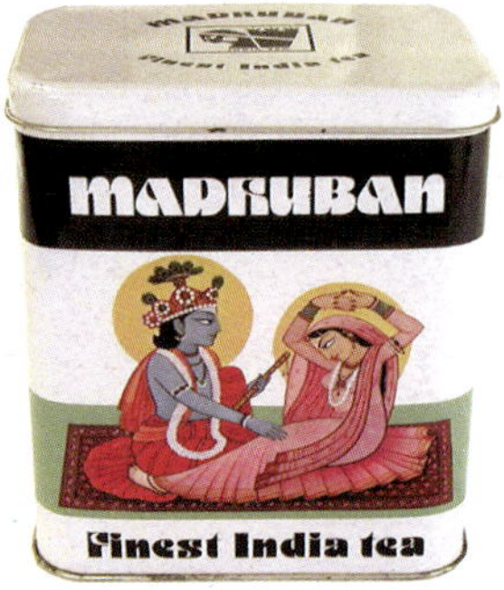

Ethelwood Estate-Madruban 红茶

Phulbari Estate

Phulbari Estate 位于阿萨姆邦北部，雅鲁藏布江畔的 Thakurbari 地区，是阿萨姆最著名的茶园之一，所出产的红茶深受欧洲，尤其是英国消费者青睐。

Phulbari Estate

● 大吉岭红茶

大吉岭（Darjeeling）高原位于印度西孟加拉邦北部喜马拉雅山麓中段，横亘在世界第三高峰干城章嘉峰（Mt. Kangchenjunga）脚下，与尼泊尔交界，海拔 600 米至 2000 米。此地常年云雾缭绕，景色壮美，美国著名作家马克·吐温曾赞颂大吉岭是“轻瞥一眼便更胜世间一切美景”的地方，这里是享誉世界的印度大吉岭红茶的产地。

大吉岭风光（远处是著名的干城章嘉峰）

大吉岭高原年均温度15℃左右，白天日照充足，日夜温差较大，高原上的众多谷地里常年弥漫云雾，为茶树的生长创造了得天独厚的自然条件，孕育出品质出色的大吉岭红茶。印度茶叶局所制订的相关法律规定，只有在大吉岭茶区所生产的红茶才可以冠以“大吉岭红茶（Darjeeling Tea）”的称谓。

大吉岭茶的标志

1. 大吉岭红茶的特色

大吉岭红茶不仅是世界著名的四大红茶之一，也是与中国的祁门红茶和印度的阿萨姆红茶并称的世界三大高香红茶之一。大吉岭红茶发酵程度达80%左右，其外形条索紧细，呈褐黄色，白毫显露，香高味浓，口感醇和鲜爽，茶汤呈金色。

大吉岭红茶根据原茶采摘的季节不同，其品质上也有差异。大吉岭红茶分为春摘茶（First Flush）、夏摘茶（Second Flush）、雨季茶（Monsoon flush，即季风季节采摘的茶）、秋摘茶（Autumn Flush），采摘时间分别为3–4月、5–6月、7–8月和9–10月份。春摘茶经过了一个冬季的养分积累和春天温和的日照及雨露云雾的滋润，香气和口味别有一番不同，清香四溢，口感甘甜温润，茶汤亮丽通透，是难得的佳品；夏摘茶也叫做二号茶，是大吉岭红茶中的珍品，堪称极品中的极品，其茶汤呈明亮的橙黄色，香气高雅，带有明显的葡萄和麝香的香气，口感细致柔和，有“红茶中的香槟”之美誉；雨季茶茶叶中的水分较多，叶片肥大，养分积累不足，茶汤色泽较浅，口感寡淡，是大吉岭茶中的下品，极少用来直接饮用，大多被用来制作低档茶包或茶饮料的原料；秋摘茶因经历了一个多雨和炎热的夏季，叶片肥厚但略嫌老气，香气较淡，口感浓重强烈，茶汤较深，是大吉岭红茶中档次较低的品种。大吉岭红茶中的春摘茶和夏摘茶适合清饮，是英式下午茶的最佳选择，而秋摘茶则更适合制作奶茶。

大吉岭夏摘的 FTGF OP

大吉岭茶种类众多，每个茶园和不同的采收期所冲泡出来的茶汤相差甚多。只有极少量的大吉岭茶叶被用来制作薰香茶，以大吉岭茶为原料制作的薰香茶主要有茉莉大吉岭茶、伯爵大吉岭茶、香草大吉岭茶等。

2. 著名茶园

大吉岭地区现有 80 多个茶园，其中许多都是享誉世界的，所出产的红茶成为众多红茶爱好者们梦寐以求的佳品。最著名的茶园有：

Arya Tea Estate

Arya Tea Estat 最初由佛教僧侣创立于 1885 年，坐落在一个平均海拔 1500 米的高原谷地中，占地面积约为 125 公顷，但被用来种植茶树的茶园仅有 300 英亩左右。Arya Tea Estat 最初名为“Sidrabong Tea Estate”，出产的高品质的大吉岭红茶是经过欧盟和美国农业部认证的有机茶。

Arya Tea Estate 年产 70 吨左右的茶叶，其中只有不到 30 吨为有机红茶，其余的则为绿茶、白茶和乌龙茶等品种。Arya Tea Estate 是“大吉岭茶叶协会”认证成员。Arya Tea Estate 红茶气味带着香甜的果香、柔顺的喉韵与回甘。

Arya 的红茶有自己的划分等级，由低至高分别为“珍珠”（Pearl）、“红宝石”（Ruby）、“黄玉”（Topaz）、“翡翠”（Emerald）和“钻石”（Diamond）。

Arya Tea Estate

Castleton Tea Estate

Castleton Tea Estate 位于喜马拉雅山山脉北段，南接 Kurseong 平原，海拔相对较低，1885 年由英国人 Charles Graham 博士创办，是大吉岭地区最

Castleton FTGF OP1 红茶

好的茶园之一，所出产的红茶香高，味浓，有机红茶驰誉世界。Castleton Tea Estate 的春摘茶茶叶为精美的绿棕色，并且有大量的毫尖，茶汤具有高雅的香味和新鲜的麝香葡萄酒的风味；夏摘茶的风味更醇和、更具花果味、更厚实，减少了涩味，其叶子为暗棕色并含有大量白毫。

Happy Valley Tea Estate

Happy Valley Tea Estate 最初由英国人 David Wilson 创立于 1854 年，1860 年开始茶叶种植，原称“Wilson Tea Estate”。1903 年，为印度贵族 Tarapada Banerjee 所收购，1929 年，Tarapada Banerjee 又收购了附近的另外一处茶园，并将两处茶园合并，统称为 Happy Valley Tea Estate。

Happy Valley Tea Estate 的茶树最低树龄已经超过了 80 年，有些甚至已经有 150 年的历史了。Happy Valley Tea Estate 出产的大吉岭红茶品质优异，声誉隆重，是大吉岭最著名的茶园之一，同时也是一处非常著名的旅游景点，吸引着来自世界各地的游客和茶客。

Happy Valley Tea Estate

Happy Valley Tea Estate 的茶叶加工厂

Goomtee Tea Estate

Goomtee Tea Estate 坐落在 1000–1800 米高原谷底之中，茶园中高山、湖泊、瀑布错落分布，宛如仙境一般。高海拔带来的相对低温使该茶园的茶叶生长期更长，养分和香气积累更充足，美丽的叶子上具有大量的白毫，口感甘醇，茶汤金黄亮丽，是典型的大吉岭红茶。

Goomtee FTGF OP1 红茶

Margaret' s Hope Tea Estate

Margaret' s Hope Tea Estate 坐落于白雪皑皑的喜马拉雅山南麓，该茶园是由英国人 Bagdon 于 20 世纪 30 年代创建的。Bagdon 当年带着自己的两个女儿从英国远涉重洋来到印度大吉岭创业，他最心爱的小女儿 Margaret 在返回英国的途中不幸去世，为纪念爱女，Bagdon 将茶园命名为 Margaret' s Hope，意即"玛格丽特的希望"。

Margaret' s Hope Tea Estate 所产的夏摘茶是它的骄傲，茶叶呈棕绿色，富有大量的白毫，有鲜明的花香和麝香香气，留香持久，茶汤清亮，口味甘醇爽滑，引人入胜。

Margaret' s Hope Muscatel Delight DJ-266FTGF OP1

Margaret' s Hope Muscatel Delight DJ-266(FTGF OP1)红茶

Puttabong Tea Estate

也叫做"Tukvar Tea Estate",创立于1852年,是大吉岭最著名的茶园和旅游景区之一。

Puttabong Tea Estate 占地约22平方公里,海拔在460米到将近2000米之间,茶园内河流蜿蜒,植被丰富,野生动物众多。茶园开设的旅馆接待着来自世界各地的游客和茶客,人们在这里不仅可以欣赏自然风光,还可以品尝到曼妙佳茗。Puttabong Tea Estate 出产的大吉岭红茶是世界上最著名的红茶品种,曾经于1992年创造出每公斤10001卢比的世界纪录。Puttabong Tea Estate 的大吉岭红茶是第一个获得ISO 9002认证的印度红茶品种,其茶汤红艳醇滑,且有显著的麝香葡萄酒的风味,是最好的大吉岭茶叶之一。

Puttabong Tea Estate

Puttabong Tea Estate 试茶

除了上述几处著名的茶园之外,大吉岭地区出产高品质红茶的茶园还有很多,下面所列便是其中比较著名的一些茶园。

Ambootia
Arya
Avongrove
Badamtam
Balasun
Bannockburn
Barnesbeg
Chongtong
Castleton
Chamong

D' alrus
Gielle
Glenburn
Goomtee
Gopaldhara
Giddapahar
Ging
Glenburn
Hilton
Happy Valley
Jogamaya
Jungpana
Kaley Valley
Kanchan View
Lingia
Longview
Makaibari
Margaret' s Hope
Mim
Moondakotee
Mission Hill
Nagri
Namring
Orange Valley
Phoobsering
Phuguri
Poobong
Potong
Peshoke
Puttabong
Pussimbing
Ringtong
Risheehat
Rohini
Runglee Rungliot
Samabeong
Singla Tea Estate
Seeyok
Selimbong
Singbulli
Singell
Soom
Soureni
Sungma
Snowview
Steinthal
Takdah
Teesta Valley
Thurbo
Tindharia
Tongsong Dtriah
Tumsong
Upper Fagu
Vah Tukvar

● 尼尔吉里

尼尔吉里（Nilgiri）位于印度南部的西高止山脉南麓，泰米尔纳德邦（Tamil Nadu）和喀拉拉邦（Kerala）之间的 Nilgiris 山区。“Nilgiri”意为蓝色的群山，因此该地区又有“茶中蓝山”之称。尼尔吉里是印度最大的红茶产区，该地区的地理及气候皆与斯里兰卡相近，因此其红茶风格与锡兰红茶相似。由于一年四季气候温暖湿润，所以该地区不像印度的其他茶产区，一年四季都有新茶可以采摘。尼尔吉里不仅生产红茶，也出产乌龙茶和绿茶。Ooty 是尼尔吉里地区最主要的红茶产区。

尼尔吉里茶叶标志

尼尔吉里——“茶中蓝山”

Nilgiri 的 Ooty 的 Doddabetta 茶厂

尼尔吉里红茶在品质上仅次于阿萨姆和大吉岭红茶，是印度红茶中第三大品种，在世界范围内也享有极高的声誉。

尼尔吉里红茶的高品质除了源于自然环境和茶树种群的优势之外，更得益于其生产和加工的精细。该地区上等的红茶从茶叶采摘到加工分拣几乎都完全采用手工操作，尼尔吉里茶叶产区规模较大的茶园都设有自己的茶叶加工厂，采摘后的原茶在最短时间内被送进加工厂进行深度加工，从而最大限度地保证了原茶和成茶的品质。

1. 尼尔吉里红茶的特色

尼尔吉里红茶外观呈青褐色，茶香清新淡雅，口味温和，圆润干净，茶汤橙黄亮丽，不仅适合清饮，也适合调和花香或果香制成各种调味红茶饮用，以之制作的奶茶加入糖或蜂蜜后饮用也别有风味。

2. 著名茶园

Glendale Tea Estate

Glendale Tea Estate 位于尼尔吉里山麓，茶园海拔高度在 1700 米以上，19 世纪 40 年代由英国人 James Stanes 创建。多年来，Glendale Tea Estate 一直以其高品质的茶产品著称于印度乃至全世界，它的茶叶加工厂也颇具规模。近年来更是结合旅游发展，将该茶园发展为种植、加工和旅游服务三位一体的经济实体。2006 年 11 月，该茶园的 Glendale Aurea-SFTGF OP——超精细毛尖橙白毫红茶在拉斯维加斯举行的拍卖会上创造了每公斤 600 美元的世界红茶拍卖价格纪录。

每年 12 月至次年 2 月是这里的冬季，在此期间产生的霜冻天气造就了该茶园所产之茶的独特味道和香气。这里的红茶即适合热饮，也适合制作冰茶，风味绝佳，色泽诱人。该茶园的“手工茶”完全不借助任何机械，堪称极品。

Glendale Tea Estate

Glendale Aurea-SFTGF OP

Kodanad Tea Estate

Kodanad Estate 位于 Ooty 地区的 Kothagiri，这里气候温润，降水均匀，云雾缭绕，是尼尔吉里地区最著名的茶园之一其红茶具有强烈的芳香，口感醇和。

Kodanad Tea Estate

Kodanad Tea Estate 的红茶

High Field Tea Factory

位于尼尔吉里 Coonoor 市的 Sim’s Park 附近，是一家集茶叶种植和加工于一体的大型茶园，也是尼尔吉里最具影响力的茶叶企业之一，所生产的调味红茶品质卓越，深受消费者喜爱。

High Field Tea Factory 的茶园

High Field Tea Factory

High Field Tea Factory 的调味红茶

● 蒙纳红茶

蒙纳（Munnar）是印度喀拉拉邦的Idukki地区的一座小城，是印度红茶的一个重要产区。蒙纳地处印度南部西高止山脉，平均海拔达到2400米，面积近557平方公里。这里密布着广袤的森林，气候湿润，高寒，景色宜人，是著名的旅游风景区，更是印度著名的茶城之一，城内和周边居民早先大多以茶叶的种植和加工为生，该地区大约有30家以上的茶园，及至2000年印度政府开始大力发展此地的旅游经济后，一些人才转向旅游业谋生。不过随着旅游业的发展，蒙纳的自然环境也开始遭到了破坏，这座原本宁静的小城已经变得越来越喧嚣芜杂了，而那些先前优良的茶园随着环境污染的加大也开始受到了越来越大的影响，以致茶叶的品质逐年下降。印度政府显然也注意到了这一点，2007年以后，中央政府和邦政府颁布了一系列法律法规，以期最大限度地保护当地的茶叶生产和加工业，如今该地的茶叶种植已经开始逐步复兴。

小城蒙纳

1. 蒙纳红茶的特色

蒙纳的茶园是世界上最美丽的茶园，每一株茶树几乎都被修剪成一件艺术品，有些茶园甚至将众多茶树像拼图一般地修剪成各种图案，远远望去，令人心旷神怡。

蒙纳的茶叶多是手工采摘，出产包括红茶、绿茶和白茶等诸多茶叶品种，其中红茶的份额并不算太大。这里的茶园地处高寒地带，茶树的生长期较长，滋味和养分积累充足，口感和香气都可算是上乘，美中不足的是可能因为茶树的品种或是气候的原因，在品质上距离大吉岭和阿萨姆红茶还是颇有差距的，这也是为什么这里出产的红茶多被用来制作速溶茶和袋泡茶一类的低档茶的原因。

蒙纳茶园

2. Tata 集团

蒙纳 80%的茶园控制在印度著名的 Tata 集团的 Tata 茶叶公司手中，该集团是印度最大的产业集团之一，涉足钢铁、汽车、茶叶、咖啡、调味品、旅店业、信息产业和制药业。Tata 集团的“Tata 茶叶公司”是目前世界上第二大茶叶公司，该公司的第一家速溶茶加工厂就创办于蒙纳。

Tata 茶叶公司拥有 26500 公顷茶园，在蒙纳更是处于完全垄断地位，目前该公司年产红茶 56000 吨，速溶茶 2000 吨并拥有 Tata Tea, Tetley, Agni, Kanan Devan, Chakra Gold 和 Gemini 等六大茶叶品牌，在印度市场上占有 12%的市场份额。Tata 茶叶公司的产品覆盖了从低端到高端的消费市场，产品远销中东、西非、北非、美国、加拿大等国家和地区。

Tata 在蒙纳的茶园和茶厂

3. 蒙纳茶博物馆

蒙纳茶博物馆（Munnar Tea Museum）位于蒙纳的 Nallathann 茶园内，是 Tata 茶叶公司在蒙纳开办的专门介绍印度茶叶种植、加工历史以及 Tata

茶叶公司制茶历史的一家专业性博物馆，随着蒙纳地区旅游业的发展，这里已经成为来自世界各地的游客们不容错过的一个著名的旅游景点了。

蒙纳茶博物馆

蒙纳茶博物馆展出的 19 世纪的茶叶烘焙炉

● 坎格拉红茶

位于印度喜马偕尔邦（Himachal Pradesh）的坎格拉谷地（Kangra Valley）是印度的又一著名红茶产区。

坎格拉谷地与我国西藏接壤，海拔在 1000–1700 米，年降水量较低，气温较高。1849 年，英国人 William Jameson 已经开始在这里创办茶园，种植茶树，制作红茶了，到了 19 世纪 80 年代，这里出产的红茶已经在欧洲市场上享有盛名，1886 年和 1895 年，坎格拉的红茶先后获得了了伦敦和阿姆斯特丹博览会的金奖和银奖，可谓名噪一时。那时，坎格拉地区的茶园面积超过了一万英亩，是这一地区历史上茶叶种植和加工的顶峰之时，坎格拉红茶也成为高品质红茶的象征。坎格拉不仅出产红茶，其绿茶的品种也堪称上乘，成为包括阿富汗等中亚伊斯兰国家消费者们的最爱。

坎格拉谷地

然而，进入 20 世纪 50 年代后，随着英国殖民资本的逐渐撤出，技术和管理人才大量流失，加之越来越恶劣的气候变化，以及地震等一系列自然灾害的打击，使得该地区的茶叶生产一落千丈，茶园荒芜，茶树凋败，茶叶产量和质量急剧下降，在国际茶叶市场上的地位和身价日渐式微，仅存的一些茶园也几乎无法以自己的品牌立足，其茶叶通常都会被来自大吉岭的商人买走并且作为大吉岭的产品对外出售。目前在这一地区茶叶种植面积仅为二千公顷左右，而大的茶园也只剩下 Palampur co-operative Tea Factory、Manjhee Valley Tea Estate 和 Wah Tea Tstate 三家，其余的则为家庭式的小型茶园。

1. 坎格拉红茶的特色

优质的坎格拉红茶无论是在外形还是香气、口感和茶汤上都十分接近于著名的大吉岭红茶，这也是为什么那些大吉岭茶商会将收购来的坎格拉红茶冒充大吉岭红茶对外销售的主要原因。

坎格拉红茶

2. 著名茶园

Manjhee Valley Tea Estate

Manjhee Valley Tea Estate 位于印度首都新德里北部和喜马拉雅山山麓之间，距离新德里大约 300 英里。该茶园创立于 1860 年，是坎格拉地区现存的历史最为悠久的茶园。茶园种植面积大约 650 英亩，茶树种植在海拔 1200–1600 米之间的山谷坡地上。茶园还拥有一个现代化的茶叶加工厂，年产 15 万公斤茶叶，除了各种红茶之外，还生产白茶、乌龙茶和绿茶。

该茶园出产的上等坎格拉红茶色泽明亮润滑，果香浓郁，口感甘醇爽滑，茶汤金黄透亮，与大吉岭红茶的差别大约只是留香不够持久，香气也不像大吉岭红茶那般浓厚罢了。

Manjhee Valley Tea Estate 的茶园

Manjhee Valley Tea Estate 的茶厂

锡兰红茶

● 发端和发展

斯里兰卡旧称锡兰（Ceylon），是印度洋的一个热带岛国，也是世界上最著名的红茶出产国之一，目前的红茶产量和出口量均位居世界第四位，仅次于中国、印度和肯尼亚。斯里兰卡出产的红茶一直沿用旧名，称为“锡兰红茶”，是世界红茶中的著名品类。

斯里兰卡中部为高原地形，年均气温较低，降雨量和湿度水平非常适合于优质茶叶的生长，早在1824年英国人就将茶树从中国带到了斯里兰卡并种植成功。1867年，英国人James Taylor在康提（Kandy）创立了斯里兰卡的第一座茶园——Loolecondera Estate，为享誉世界的“锡兰红茶”奠定了日后蓬勃发展的基础。1872年，James Taylor在Loolecondera Estate内开办了一个设备齐全的制茶厂，并开始在康提销售他的产品，次年，James Taylor的约23磅锡兰红茶首次在伦敦市场上销售，从此“锡兰红茶”走向了世界。

在19世纪60年代之前，斯里兰卡的主要经济作物为肉桂和咖啡，当年的荷兰和英国殖民者将此作为他们的咖啡和香料种植基地，所产之咖啡和肉桂等香料被源源不断地运往欧洲大陆。19世纪30年代之后，肉桂的经济效益急剧下降，原来的肉桂种植园也转向种植咖啡，一时间斯里兰卡几乎完全成为了一个咖啡的国度。不过天有不测风云，19世纪70年代，一场席卷差不多整个斯里兰卡的咖啡锈病几乎摧毁了这个国家的咖啡产业，大量的咖啡树被砍伐焚烧，昔日繁茂的咖啡种植园变成一片荒芜。于是，人们开始把目光转向了新兴的茶树种植业，斯里兰卡的许多地区，尤其是中部高原一带，众多的茶园如雨后春笋般地建立起来。在1880年和1888年种植面积已经超过了咖啡，到1899年已经将近40万英亩。

随着种植和加工的不断发展，锡兰红茶的销量也大幅度地增加了，1893年，100万包锡兰红茶在芝加哥世界博览会上被销售一空，博得了世界各地茶叶经销商和饮茶爱好者的广泛好评。同年，在伦敦的茶叶拍卖会上，锡兰红茶创出了每磅36.15英镑的当时的世界纪录，名声大振，成为世界红茶界的佼佼者。1925年，锡兰茶叶研究所的创立更为该国的茶树种植和茶叶加工提供了一系列技术上的保障，进一步提高了锡兰红茶的产量和品质，大大增加了其在国际市场上的竞争力，至1927年，该国的茶叶产量已经超过10万吨，而且几乎全部用于出口，茶叶种植和加工业成为了该国最重要的经济支柱。到1965年，斯里兰卡已经成为当时世界上最大的茶叶出口国了。1976年，斯里兰卡成立了“茶叶委员会”负责对该国茶叶种植、加工和出口贸易的管理。2000年，斯里兰卡的茶叶产量已超过了30万吨。

目前斯里兰卡的茶叶种植面积已经占到该国国土面积的4%，超过221000公顷，集中在该国的中央高原和南部低地。

除了红茶之外，斯里兰卡的绿茶产量也很高，白茶和乌龙茶等品种近年来也发展得很快。

康提

● 锡兰红茶的特色

锡兰红茶茶叶按生长的海拔高度不同分为三类，即高地茶（产地海拔高于1200米）、中段茶（产地海拔在600–1200米之间）和低地茶（产地海拔在600米以下），其中以锡兰高地红茶品质最优，名气最大。

锡兰高地红茶产于斯里兰卡中央高原地区，这里常年云雾弥漫，降水丰沛，酸性的红土适合茶树生长。锡兰高地红茶通常被用来制作红碎茶，制成后的茶叶多呈赤褐色，风味则由于产地的不同而各有特色，有的浓郁醇厚，有的清淡典雅，但所有锡兰高地红茶的茶汤都是金黄亮丽的，香气中大多富有柑橘的芬芳。锡兰高地红茶与中国的祁门红茶，印度的阿萨姆红茶、大吉岭红茶并称世界的四大红茶，其中的乌瓦红茶更是与祁门红茶、大吉岭红茶并称为世界三大高香红茶，深受各国消费者推崇。

锡兰红茶的另外一大特点是钠含量低，因此对于有高血压、只能摄取少量钠的人来说，是理想的饮品。

锡兰红茶根据口味可以分为原味茶和调味茶。同时锡兰红茶又有拼配茶（Blended）和非拼配茶（Non–Blended）之分。如英国早餐茶，往往是由浓烈的阿萨姆红茶和口感醇和的锡兰红茶，以及色泽红艳的肯尼亚红茶按照一定比例拼配而成。

锡兰红茶再一大特点是其等级的划分与国际通行的红茶等级有所区别。

通行的国际红茶等级一般分为 OP、B OP、F OP、TGF OP、FTGF OP 和 SFTGF OP，而锡兰红茶一般只有 OP、B OP 和 F OP 的分级，等级划分稍嫌不够严格。

正宗的斯里兰卡锡兰红茶的包装上都有一个“狮子徽标”，这是斯里兰卡官方的茶叶委员会的认证标志，只有经过该委员会严格的检验程序，确保为原产和加工于斯里兰卡的红茶才可以使用这一标志，为的是确保锡兰红茶的高品质，维护它百余年所赢得的声誉，消费者们在选购锡兰红茶时务必认准这一标志。

锡兰红茶标志

● 锡兰名茶

斯里兰卡有六大优质茶产区，分别是乌瓦、乌达普沙拉瓦、努沃勒埃利耶、汀布拉、康提和南斯里兰卡地区，这六大产区出产的优质锡兰红茶堪称斯里兰卡红茶的代表。

1. 汀布拉红茶

汀布拉（Dimbula），港台地区习惯译作“金佰莱”，汀布拉山谷位于斯里兰卡中央山脉的西侧，这里的茶园大都在海拔 1500 米以上的。汀布拉地区又分为八个小的茶叶产区，分别是 Hatton / Dickoya，Bogawanthalawa，Upcot / Maskeliya，Patana / Kotagala，Na nu Oya / Lindula / Talawakele，A garapatana，Pundaluoya 和 Ramboda。汀布拉地区从 1870 年开始种植茶树，每年的 1–3 月受寒冷的西南季风和降水的影响，为茶叶积累养分和滋味打下了极好的基础，鲜茶的品质极好，且仅采摘其尖叶部分制茶，因此汀布拉所出产的红茶是锡兰高地红茶中品质最优、名气最大的一种。汀布拉红茶鲜香典雅，茶汤红润明亮，色彩艳丽，清新芬芳，口感舒爽柔和，苦涩不明显，是锡兰红茶中最佳的清饮品种。

汀布拉 OP 级红茶

汀布拉的 Hatton/Dickoya 产区的茶园

汀布拉 Hatton 的圣克莱尔茶叶中心（St.Clair Tea Center）

2. 乌瓦红茶

乌瓦（Uva）红茶是世界上著名的三大高香红茶之一，也是锡兰高地红茶中的上品，它产于斯里兰卡的乌瓦省，因此得名。乌瓦省的茶园主要集中在海拔900–1500米的格尔欧亚（Gal Oya）丘陵和中央山脉（Central mountains）东坡的高地上，又分为Malwatte/Welimada，Demodara/Hali-Ela/Badulla，Passara/Lunugala，Madulsima，Ella / Namunukula，Bandarawela / Poonagala，Haputale 和Koslanda/Haldummulla.等几个小的产区。乌瓦红茶茶汤呈琥珀色，茶汤表面环浮着一层金黄色的光圈，富有薄荷和铃兰的香气，口感醇厚，浓烈，稍嫌苦涩，回甘颇为强烈，适合用来制作拼配茶，加入乌瓦红茶的拼配茶是英式早茶和下午茶的最佳选择。

乌瓦的 Halpewatte 茶厂

乌瓦山区指向 Halpewatte 茶厂的路标

乌瓦 OP 级红茶

3. 努沃勒埃利耶红茶

努沃勒埃利耶（Nuwara Eliya）是斯里兰卡中央省（Central Province）的一个地区，这里的茶园集中在一片呈椭圆形的海拔近 2000 米的高原之上，所出产的努沃勒埃利耶红茶在色泽、香味和口感上都比布拉和乌瓦红茶要淡一些，其茶汤呈金黄色，通透亮丽，清香典雅，口感舒爽清淡，有些近于绿茶的口味。

努瓦拉埃利亚 OP 级红茶

努瓦拉埃利亚 PedroTeaEstate

努瓦拉埃利亚 Pedro Tea Estate 的茶厂

努沃勒埃利耶的 Pedro Tea Estate 茶厂的试茶室

4. 康提红茶

康提（Kandy）位于康提山谷，是斯里兰卡中央省（Central Province）的省会，1592 年起为斯里兰卡首都和佛教圣城。1815 年被英国殖民者占领，从那时起便不再是斯里兰卡的首都了，但仍是该国的佛教朝圣地。斯里兰卡的茶叶种植业发端于康提，这里的茶园通常在海拔 600–1200 米之间，分为 Pussellawa/Hewaheta 和 Matale 两个主要产区。康提红茶风味柔和，口感醇厚，颇具刺激性，适合制作奶茶，牛奶和糖可以使它过于刺激的口味得到折中。

康提著名的佛牙庙（Temple of the Tooth）

2001年，斯里兰卡茶叶局在康提的Hanthana开办了"茶叶博物馆"。博物馆的展品和文字详述了一个多世纪以来斯里兰卡茶叶发展的进程和历史，成为锡兰红茶爱好者和众多游客争相慕名而来的旅游景点。博物馆中还设立了茶叶商店和茶馆，让游客们有机会在此购买和品尝到上好的锡兰红茶。

康提OP级红茶

康提Hanthana的锡兰茶博物馆

5. 乌达普沙拉瓦红茶

乌达普沙拉瓦（Uda Pussellawa）位于努沃勒埃利耶和乌瓦省之间，这里每年受盛行的西北季风影响，寒冷暖湿交替，气候、土壤非常适合高品质的茶叶生长，乌达普沙拉瓦的茶叶产区又分为Maturata和Ragala/Halgranoya两个小的分区。乌达普沙拉瓦的红茶风格近似于努沃勒埃利耶红茶，但品质略微逊色。

乌达普沙拉瓦的F OP级红茶

乌达普沙拉瓦的茶园

6. 南斯里兰卡红茶

南斯里兰卡地区位于斯里兰卡的南部，主要以南部省（Southern Province）为主，又分为 Ratnapura/Balangoda，Deniyaya，Matara 和 Galle 等分区。南斯里兰卡地区的海拔通常在 600 米以下，这里土壤肥沃，气候暖热，降水丰沛，茶树生长茂盛，但品质略逊，所产红茶在品质上无法与前面的五大产区相提并论。

南斯里兰卡 Balangoda 地区的 Kotiyagala Estate

其他国家的红茶

● 肯尼亚红茶

地处东非的肯尼亚是世界茶叶种植和加工的后起之秀，一经崛起，就以其如虹之气势令世界茶叶界刮目相看。

凯里乔的茶园

肯尼亚（Kenya）地处热带，接近赤道，气候暖热，降水丰沛，其主要茶叶产区集中在东非大裂谷西侧海拔1500–2700米的高原之上，这里既有温暖湿润的气候，又不像非洲大陆的大部分地区那样炎热干燥，加之肥沃的火山红壤，幅员辽阔，非常适合茶叶的种植，其中凯里乔（Kericho）地区是肯尼亚最好的茶叶产区，这里集中了几乎所有肯尼亚的大型茶园。

凯里乔的茶叶加工厂

肯尼亚政府历来对茶叶的种植和加工表现出高度的重视，设有专门的管理机构——肯尼亚茶叶发展局（KTDA），目前肯尼亚已经成为世界上第三大茶叶出口国，单就红茶一项来说，它已是世界第一大出口国了，茶叶出口已经成为该国第三大出口创汇产业。

肯尼亚的茶叶种植和加工业究竟源于何时目前尚无确切定论，通常的观点认为该国的茶叶种植业是在19世纪中叶之后，由英国殖民者率先开展的，但很多肯尼亚人则坚持认为该国最初的茶树是当年郑和下西洋时由中国带到肯尼亚的。

肯尼亚的茶叶种植百分之六十来自一家一户的小农，其余的为大型国有或私人资本控制，不仅出产红茶，也生产绿茶和白茶等品种。肯尼亚的红茶在该国的茶叶生产中占有绝对的统治地位，该国所生产的红茶99%为CTC级的红碎茶，其红茶主要出口市场是英国、埃及、巴基斯坦、阿富汗和苏丹等三十多个国家。

肯尼亚的CTC红茶是世界著名的红茶之一，多被用来制作拼配茶，与阿萨姆、大吉岭或锡兰红茶拼配，为欧美消费者所喜爱，如著名的英国早餐茶通常就是由肯尼亚、阿萨姆和锡兰红茶调配而成的，此外肯尼亚的红碎茶也是英国茶包最常用的原料茶。

英式早餐茶的配方：印度、斯里兰卡和肯尼亚红茶

肯尼亚的“走出非洲”牌拼配红茶

肯尼亚人对于茶叶的品质是十分重视的，用来制作红茶的原茶在采摘时只摘取茶枝顶部的两片嫩芽，制作出来的红茶香气馥郁，茶汤的色泽艳丽通透，口味浓厚甘醇令人称道。

● 孟加拉红茶

孟加拉（Bangladesh）的茶叶生产量只排在世界的第11位，但却以其绝佳的品质享誉世界。

孟加拉的茶园主要集中于该国的Sylhet地区，这一地区位于孟加拉东部，与印度接壤。该地区的茶树一般都生长了30–100年，充沛的热带雨林的雨水和树荫的遮蔽，使得这里出产的茶叶品质极佳。孟加拉红茶只选用茶枝顶部的一芽两叶作为原茶，原茶的精致也保证了红茶的品质。

孟加拉红茶果香浓郁，茶汤呈深红色，通透亮丽。孟加拉红茶一直以出口巴基斯坦、埃及、俄罗斯为主，近年来也开始大量出口到新加坡。

孟加拉最好的茶园为 Jaflong Tea Estate 和 Srimongol Tea Estate，孟加拉茶叶研究所（Bangladesh Tea Research Institute）就坐落在 Srimongol Tea Estate。

孟加拉 Sylhet 地区的 Srimongol Tea Estate

孟加拉茶叶研究所

● 尼泊尔红茶

尼泊尔（Nepal）是世界上优质红茶的重要出产国之一，该国的茶园主要集中在喜马拉雅山的南麓，这里气候温暖，降水丰沛，海拔高，土壤肥沃，在地理环境上十分接近印度的大吉岭地区，加之此地的茶树品种多半是从印度引进，因此，尼泊尔红茶在风格上几乎是大吉岭红茶的翻版，有不少不法商人甚至以假乱真，将尼泊尔红茶当作大吉岭红茶来销售。

尼泊尔用于制作红茶的原茶一年分四次采摘，分别是 First flush（第一季，也就是春摘茶）、Second flush（第二季，也就是夏摘茶）、Monsoon flush（季风季节）和 Autumn flush（秋摘茶）。其中的夏摘茶为最优，香气高远，富有麝香之气，口感醇和，完全没有苦涩之味，茶汤呈琥珀色。

位于喜马拉雅山南麓的金马伦高地（Cameron Highlands）是尼泊尔最

好的茶叶产区，而这里的 Bharat Plantations 是尼泊尔最好的茶园之一，所出产的红茶在世界上享有盛誉，可以与顶级的大吉岭红茶相媲美。

尼泊尔金马伦高地 Bharat Plantations

● 越南红茶

越南（Vietnam）的茶叶种植历史比较悠久，最初的茶树也是从我国云南、广西等省区传入的，18 世纪以后，越南开始生产红茶，到了 19 世纪，受法国等欧洲国家殖民者的影响，越南红茶产量逐年递增，目前已成为世界上比较著名的红茶出产国了。

越南的红茶主要集中在和我国云南省接壤的河江省（Ha Giang）的山区，湿润温暖的气候，相对较高的海拔和酸性的红壤保证了茶叶的品质。

越南红茶从风格上来说很接近我国的滇红，但品质上还是有着不小的差别，其茶香较为轻薄，汤色尚佳，但口感略嫌寡淡，通常只能作为拼配茶来饮用，清饮几乎不可能。

越南河江省的茶园

越南 OP 级红茶

● 土耳其红茶

众所周知，土耳其人的祖先曾是我国北方少数民族突厥人的后裔，作为曾经的游牧民族，土耳其人像世界上许多有着这样背景的民族一样喜欢饮茶，而深受欧洲和曾经的宗主国英国人的影响，又让他们更酷爱红茶。土耳其是世界上最大的茶叶消费国，据 2004 年联合国粮农计划开发署统计，土耳其人均年消费茶叶达到了 2.5 公斤，远高于第二位的英国（人均 2.1 公斤）。

2004 年土耳其的茶叶生产总量达到了二十点五五万吨，占当年世界茶叶总产量的 6.4%。土耳其主要的茶叶产区在黑海东岸的里泽省（Rize Province），这一地区降水量大，土壤肥沃，气候温和，非常适合茶树的生长，因此土耳其人习惯将本国出产的茶叶称之为“里泽茶”（Rize tea）。

土耳其里泽街头的大茶壶

土耳其里泽妇女在茶园采茶

土耳其出产的茶叶中以绿茶和红茶为主，其红茶为了适合当地人的口味，发酵强烈，口感浓重，味苦，回甘性强，香气较淡，茶汤黑红，适合加糖饮用。

里泽省的 Cumhuriyet 茶叶加工厂是集茶叶种植和加工于一体的土耳其最著名的茶叶生产企业。

土耳其 Rize 茶

● 南美红茶

南美人一向是以种植和饮用咖啡为主的，对于茶并不是十分偏好，不过曾经被欧洲人殖民统治的经历，还是让这里的许多地区有了种植和饮用茶叶的习惯，其中最为著名的国家当推危地马拉和玻利维亚了。

1. 危地马拉红茶

危地马拉（Guatemala）的茶园主要集中在安第斯山脉的 Atitlán 湖畔，当地的高海拔、温暖的气候、丰沛的降水和肥沃的火山土壤造就了优质的茶叶，也使得危地马拉的红茶日渐成为国际红茶市场上的新宠，尤其是在美国市场上已经开始大行其道了。

危地马拉的茶叶收获季节是从 5 月至 12 月，所出产的红茶型茶和碎茶兼有，香气浓郁，茶汤鲜艳，口感醇厚，型茶可清饮，碎茶则是制作奶茶的上选。

危地马拉 Atitlán 湖畔的茶园

危地马拉红茶

2. 玻利维亚红茶

玻利维亚（Bolivia）的茶叶种植业始于1914年，是由一位移居该国的德国农场主率先发起的。玻利维亚主要出产绿茶和红茶，其红茶在欧洲市场上还是默默无闻，但在美洲，尤其是美国市场上却已经家喻户晓了。

和近邻危地马拉一样，玻利维亚的茶叶产区也集中在安第斯山脉沿线的高原谷地中，高海拔，加上从安第斯山脉和亚马逊河吹来的湿润空气，以及山地气候的温差，让这里的茶叶滋味和养分积累充足，清香甘醇，口感极佳，只可惜该国目前的茶叶产量还比较小，暂时形不成一定的规模，如果假以时日，相信必将能够在国际红茶市场上占有重要的一席之地。

红茶名牌名品

写下这一章节的题目时,我的心情是十分复杂的,作为全世界茶的发源地的我国,至今却没有一个具有世界影响力的红茶品牌,这不能不说是一种悲哀。当我写下那驰誉世界的一个个国外的名茶品牌时,多么希望有一天我们自己民族品牌的红茶也能在世界占据一席之地啊! 中国的茶人们, 努力吧!

在世界红茶的发展史上,茶叶种植者、加工者和经销者创立了无数的红茶品牌,几百年来,在红茶的发展进程中,大浪淘沙,很多品牌如过眼烟云一般来去匆匆,但也有一些品牌,由于所有者在商品的品质上倍加执著,在经营的过程中格外呵护,日渐成为消费者们所信赖和追求的目标。于是,一些红茶品牌从最初的默默无闻到脱颖而出,甚至享誉世界,经久不衰,成为全世界红茶爱好者们的最爱。

目前世界上知名的红茶品牌有很多,想要一一罗列和介绍绝非易事,在这里我只把一些名副其实的著名品牌介绍给大家, 希望能够对红茶爱好者们在日常选购和品饮红茶的过程中有所帮助。

● 英国名茶

英国虽然是一个不出产茶叶的国家, 但是这个老牌的殖民国家的触角却早在几百年前就已经伸向了世界各地的主要茶产区, 并由此造就了一批茶叶加工和经营企业,同时也创立了一批享誉世界的红茶品牌。

Twinings(川宁红茶)

1706 年,英国人 Thomas Twining 开始在伦敦的咖啡馆里供应最上等的红茶,令许多王室、贵族、文人、雅士趋之若鹜。1717 年,Thomas Twining 开设了川宁茶叶专门店,其标志是一头黄金色的狮子,从此享誉世界的 Twining 品牌诞生了。1718 年,维多利亚女皇更授权川宁成为了英国皇室御用的茶和咖啡供应商,向英国皇室供应上等的茶品至今。

川宁茶的种类非常丰富, 其中最为著名的还是它的各种红茶, 常见的

伦敦的 Twinings 总店

有：

Twinings Ceylon Orange Pekoe Tea

一款精心挑选的斯里兰卡汀布拉红茶，可以在一天中的任何时间饮用，清饮，加奶或是制作冰红茶皆宜。

Twinings Darjeeling Tea

来自印度大吉岭麝香气浓厚、茶汤呈浅金色的春摘和夏摘拼配茶，可以清饮，也可加奶饮用。

Twinings Earl Grey Tea

这款伯爵茶是川宁的骄傲，堪称是世界上最好的伯爵茶，散发着香柠檬油、柑橘类水果的清香。

Twinings English Breakfast Tea

由肯尼亚和阿萨姆红茶拼配而成，风格清新，口感醇厚，劲道十足，不仅可以作为英式早餐茶来饮用，还可以在其他的时间和场合享用，清饮和加奶、糖皆可。

Twinings Irish Breakfast Tea

浓烈醇厚，香气丰富的拼配茶，是典型的爱尔兰式早餐茶，饮用时最好加入牛奶和糖。

Twinings Lady Grey Tea

这款伯爵夫人茶香气馥郁，茶汤通透，散发着橙子、柠檬和柑橘的果香，是川宁特有的一款调味茶，可以作为早餐或下午茶，饮用时添加少量的牛奶或糖，味道更佳。

Twinings Prince of Wales Tea

天鹅绒般爽滑细腻的威尔士茶是纯粹的中国红茶，茶叶来自中国云南的滇红茶或者其他中国地区的正山小种红茶，可在上午饮用，也可作为下午茶，清饮为佳。

Brooke Bond（布鲁克·邦德）

Brooke Bond & Company 由 Arthur Brooke 在 1869 年创建于英格兰兰开夏郡（Lancashire）的莱恩（Lyne），一直以来都是英国最著名的茶叶品牌之一，1984 年被联合利华（Unilever）收购，现归属于联合利华控股的印度斯坦联合利华有限公司。

Scottish Blend Tea

Scottish Blend Tea 是布鲁克·邦德的一款著名红茶，是苏格兰地区最受欢迎的红茶之一。

PG Tips

创立于 1869 年的 PG Tips 是英国最知名的红茶品牌之一，在英国的销售量和市场占有率高居第一。1960 年该品牌在世界上率先开发出了“袋泡茶”，可以说是开创了茶叶饮用方式的一个新纪元。1965 年起，PG Tips 就被女王指定为皇室用茶。1996 年，PG Tips 又发明了“金字塔”式的袋泡茶。PG Tips 现在属于联合利华旗下的布鲁克·邦德公司。

PG Tips 袋泡茶

由阿萨姆，锡兰高地和肯尼亚红茶拼配而成的，是世界上最好的袋泡茶之一，香气清新，口感丰富，原茶完全选用茶枝顶部的一芽两叶，配以金字塔式茶包。

Lipton（立顿）

1890 年，英格兰格拉斯哥的汤姆斯·J·立顿（Thomas J.Lipton）创立了立顿这一红茶品牌，正式在英国推出立顿红茶，他的广告词是："从茶园直接进入茶壶的好茶"（Direct from tea garden to the tea pot）。1898 年，汤姆斯·J·立顿被英国女王授予爵士爵位，博得了"世界红茶之王"的美誉。1972 年，立顿被联合利华收购，成为该集团的一员，立顿现在也是全球消费者选用最多的第三大非酒精饮料，仅次于可口可乐和百事可乐。

1992 年，立顿进入了全球喝茶历史最悠久、饮茶人数最多的国家——中国，短短 5 年之后，立顿就在中国百家商城系列调查中获得茶包销售额第一、市场占有率第一的成绩。

汤姆斯 J·立顿创立立顿品牌之初，把他的茶按照吊牌颜色分成黄牌、黑牌、蓝牌等等。其中黄牌品质最好，价格最高，这一惯例一直沿用至今，因此立顿最具代表性的产品就叫做"黄牌精选红茶"。

立顿红茶的袋泡茶一直是立顿最引以为自豪的产品，不过随着市场的需要，特别是对中国市场的开发，立顿也推出了全新的绿茶、茉莉花茶和草本茶袋泡茶，以及包括奶茶和柠檬茶在内的速溶茶系列，以迎合中国消费者的口味。

Lipton Yellow Label Tea（立顿黄牌精选红茶）

选用来自中国、肯尼亚、斯里兰卡等地的优质红茶拼配而成，可用于清饮或调制奶茶、柠檬茶与各种果味茶。

Lipton Finest Earl Grey

优质的红茶经过佛手、柑橘等水果的调味而成，是典型的英国伯爵茶。

Lyons Tetley（里昂和泰特莱）

里昂和泰特莱是英国一家主要以经营茶、咖啡和糖果为主的食品商。

1887年，Lyons创立，最初只是单一经营茶叶销售和茶馆业，1903年开始介入茶叶加工，1908年后又开始涉足饮用水和糖果、巧克力、可可的生产。1972年，该公司兼并了Tetley Tea Company，改名为“Lyons Tetley”，从此开始更加迅猛地发展壮大起来，到20世纪80年代，已经成为英国茶叶市场上的主导者之一。

Lyons Gold Loose Tea

由最优质的锡兰高地、肯尼亚和阿萨姆茶拼配而成，茶汤色泽金黄，具有浓郁的口味。

Lyons Original Loose Tea

是爱尔兰人最喜爱的茶。

Fortnum & Mason

Fortnum & Mason 是英国伦敦著名的食品公司，由 William Fortnum 和 Hugh Mason 于 1707 年创立，自创建至今，一直以提供优质食品深为英国上流社会所青睐，20 世纪 60 年代为加拿大富翁 W.Garfield Weston 所收购，如今已经发展成综合性的百货公司，但依旧保留着其在茶叶领域中的崇高地位。

伦敦 Fortnum & Mason 百货公司

Fortnum & Mason Queen Anne Blend Tea

这款茶是 1907 年为纪念 Fortnum & Mason 创建 200 周年而创制的，选用阿萨姆最好的茶园出产的阿萨姆茶和锡兰高地红茶中的极品拼配而成，口感浓烈而不失爽滑，适宜全天任何时间饮用。

Fortnum & Mason Darjeeling Broken Orange Pekoe

选用优质的大吉岭橙白毫制成，强劲馥郁，适合加奶饮用。

Fortnum & Mason Breakfast Tea

以阿萨姆优质红茶为基础拼配肯尼亚或锡兰红茶，强劲，浓郁，芳香十足，是典型的英式早餐茶，适合加奶饮用或制作奶茶。

Fortnum & Mason Ceylon Orange Pekoe Tea

优质的锡兰橙黄白毫，最理想的早餐茶。

Fortnum & Mason Earl Grey Classic Tea

典型的英式下午茶，在红茶的芳香中散发着刺激的柠檬香味。

Whittard of Chelsea

英国著名的茶叶和咖啡公司，以销售世界各地的优质茶叶和咖啡为主，同时还销售同一品牌的高品质古瓷茶具和咖啡具。

该公司由 Walter 家族创立于 1886 年，总部设在伦敦切尔西，与世界各国优质茶叶和咖啡种植园保持着密切的联系，所销售的茶叶和咖啡产品都是顶级的。

Whittard of Chelsea 茶叶和咖啡公司

Whittard of Chelsea 1886 Blend

为纪念 Whittard of Chelsea 公司的创立而设置的一个品种，由阿萨姆和祁门红茶拼配而成，口感甘美，香气浓厚，劲道适中，适合加奶饮用。

Whittard of Chelsea Afternoon Blend

爽滑，芬芳，劲道适中，采用中国出产的红茶，加入茉莉、玫瑰花和柠檬调配而成。

Whittard of Chelsea Ceylon Blend

一款深受喜爱的早餐茶，由斯里兰卡汀布拉产区的几种优质红茶拼配而成，清新爽滑，香气十足，茶汤呈古铜色，适合加奶饮用。

Whittard of Chelsea Darjeeling Blend

由优质大吉岭茶拼配而成，高香，醇厚，可以清饮，也可加奶饮用。

Whittard of Chelsea English Breakfast Tea

最流行的英式早餐茶配方，由锡兰、肯尼亚和阿萨姆红茶拼配而成，非常醇厚和强劲，茶汤颜色红亮动人，可加奶作为早餐茶饮用，也可全天任何时间清饮。

Whittard of Chelsea Whittard Original Tea

深受消费者喜爱的一款英式早餐茶，由肯尼亚红茶拼配而成。

Harrods

Harrods 位于伦敦的Knightsbridge，是仅次于纽约的 Macy's 百货的全球第二大百货公司，也是世界上最奢华的百货公司之一，1849 年创立，其自营的茶叶品牌也以公司名称命名。

Harrods 百货公司

Harrods 每年从世界各地主要的茶叶产区收购优质茶叶，由该公司自己的茶叶调配师设计出独特的加工配方，所销售的茶叶产品，特别是红茶，深受消费者喜爱，但其不菲的价格却往往令普通消费者望而却步。

Harrods No.14 English Breakfast Tea

由锡兰高地、大吉岭和阿萨姆红茶拼配而成，醇厚馥郁，强劲又不失爽滑，是英式早餐茶中的极品。

Harrods London Icons Finest Earl Grey Tea

非常传统的伯爵茶，具有淡淡的柠檬油香味和热带柑橘气息。

Harrods Opulent Collection Assam Gold Rush Tea

顶级阿萨姆红茶。

Afternoon Tea

由顶级大吉岭和阿萨姆红茶拼配而成，是一款无与伦比的英式下午茶。

Brodies Tea

Brodies 公司 1867 年创立于苏格兰首府爱丁堡，以公司名为品牌，经销来自世界各地的优质名茶，是苏格兰乃至全英和欧洲知名度最高的茶叶经销商之一。

Brodies Edinburgh Tattoo Tea

传统的英式拼配茶，销量一直稳居苏格兰红茶销售的前列，可用作下午茶或加奶饮用。

Brodies Famous Edinburgh（银）

由阿萨姆和锡兰红茶拼配而成，一天中的任何时间都可饮用，在苏格兰销售已超过 60 年。

Brodies Scottish Breakfast

苏格兰早餐茶，由阿萨姆和肯尼亚红茶拼配而成，浓厚爽滑，甘美非常。

Brodies Scottish Teatime

这款苏格兰下午茶由印度、锡兰和肯尼亚红茶拼配而成，醇厚清新。

Brodies Famous Edinburgh(金)

这款拼配茶在苏格兰销售已达 65 年，是最受欢迎的 Brodies 名茶。

Yorkshire

1886 年，Taylors of Harrogate 茶叶公司成立于英国约克郡，该公司以“Yorkshire”为商标，销售他们的茶叶。多年来英国王室都喜爱饮用该公司的红茶，英王爱德华七世加冕典礼的晚宴上，该公司的红茶作为唯一指定的皇家国宴茶供贵宾们饮用，英国女王伊丽莎白二世登基五十周年庆典时，该公司特别调配的“女王登基五十周年纪念茶”再次称为唯一的指定用茶。2003 年 2 月，为感谢 Taylors of Harrogate 公司为伊丽莎白女王庆典所作的贡献，查尔斯王子专程前往该公司拜访，并盛赞 Yorkshire 红茶是他喝过的最好的红茶。日本天皇也是 Yorkshire 红茶的爱好者，每年五月日本天皇会举办欧式的下午茶宴款待贵族与外国贵宾，这场茶宴的主角也是 Yorkshire

红茶。因此 Yorkshire 红茶享有“Tea fit for a King”的美誉。

Yorkshire Gold

Yorkshire Gold 精选了来自印度阿萨姆、肯尼亚和卢旺达的顶级红茶，含有许多珍贵的黄金蕊，风味独特，高贵奢华，富有浓郁的麦芽香气。

Yorkshire Tea

该款红茶曾获得“英国最好的红茶”的荣誉称号，是一款由印度和肯尼亚红茶调配而成的典型英式下午茶，芬芳浓郁，醇厚甘美。

● 爱尔兰名茶

Barry's Tea

Barry's Tea 是爱尔兰最著名的茶叶品牌，其茶叶来自肯尼亚、卢旺达和印度的阿萨姆，其中约有 80%为非洲出产。Barry's Tea 精妙的调配配方造就出口味各异，令人痴迷的各色红茶。Barry's Tea 占据着爱尔兰茶叶市场约 34%的份额，是爱尔兰最大的茶叶经销商。

Barry's Gold Blend

是 Barry 茶中最流行的一种，口味柔和，茶汤呈金黄或琥珀色。

Barry's Classic Blend

口味醇厚，劲道较强，茶汤呈深褐色。

Barry's Irish Breakfast

口味清淡，却很丰富，茶汤呈淡金或浅琥珀色，是最好的爱尔兰早餐茶之一。

Barry's Decaffeinated

这一款茶创制于 20 世纪 90 年代，不含咖啡因，茶汤呈黄金或琥珀色。

Barry' s Earl Grey

是一款非常强劲的伯爵茶，充满了香柠檬油和柑橘的混合味道，茶汤呈黄金或琥珀色。

Bewleys

Bewleys 公司 1840 年由爱尔兰人 Charles Bewley 创立于爱尔兰都柏林。1835 年，Charles Bewley 第一次从中国进口了超过 2000 箱的茶叶到爱尔兰，这是自 1833 年打破了东印度公司的垄断后茶叶第一次登陆爱尔兰，从此 Bewleys 成为了爱尔兰最著名的茶叶品牌之一，一个半世纪以来一直是爱尔兰家喻户晓的高品质咖啡和茶的供应商，它的咖啡馆连锁店遍布爱尔兰。

Bewley' s Irish Afternoon Tea

传统的爱尔兰下午茶配方，选取了来自南非和肯尼亚的茶叶拼配而成，味道浓郁清新，虽然比较淡，但劲道十足，茶汤呈金黄色。

Bewley' s Irish Breakfast Tea

由印度阿萨姆和大吉岭红茶拼配而成，有奶油和麦芽味的气息，浓香馥郁，适合加入牛奶饮用。

● 法国名茶

Hediard

Hediard 咖啡馆 1854 年创立于巴黎，现已发展成一家以咖啡为主的综合性食品公司，茶叶销售是该公司重要的营业项目，而 Hediard 品牌的各种红茶也成为法国乃至世界范围内红茶爱好者们竞相追逐的目标。

Hediard 巴黎旗舰店

Hediard China Keemun Tea

来自中国的优质祁门红茶。

Hediard Breakfast Tea

阿萨姆和锡兰红茶拼配而成的法式早餐茶。

Hediard English Blend Tea

典型的英式拼配茶。

Hediard Mango Tea

以锡兰和印度红茶及芒果、鲜花调制而成的调味红茶。

Hediard Santa Claus Tea

被冠以“圣诞老人”之名的一款拼配茶，最适合冬季加奶热饮。

Hediard Special Blend Commemorative Tea

Heidiard 限量发行的特别配方纪念版拼配茶，是由锡兰高地和印度顶级红茶拼配而成的，红茶爱好者梦寐以求的珍品。

● 印度名茶

1. 印度斯坦联合利华有限公司

印度斯坦联合利华有限公司（Hindustan Unilever Limited），简称“HUL”，前身是1933年创立的“利华兄弟印度有限公司”（Lever Brothers India Limited），1956年改称“印度利华有限公司”（Hindustan Lever Limited），总部设在印度孟买，2007年6月为联合利华兼并，重组后的公司改称“印度斯坦联合利华有限公司”（Hindustan Unilever Limited），是一家综合性的集团公司，位列世界第二十五大公司。该公司拥有世界著名的35个商标品牌，其中包括著名的茶叶商标：Lipton，Brooke Bond，Taj Mahal，Red Label，Taaza和3 Roses等。

Taj Mahal

Taj Mahal（泰姬陵）是印度斯坦联合利华公司通过旗下的布鲁克·邦德（Brooke Bond）公司所控制的一个印度本土茶叶品牌。

Brooke Bond Taj Mahal Orange Pekoe Tea

独特的拼配配方，精选的阿萨姆橙白毫红茶颗粒，给人以无与伦比的体验，口感醇和，香气精致，既可清饮，又可加奶饮用，更是制作印度著名的玛沙拉奶茶的最好选择。

Taaza

Taaza茶叶公司自创立至今已有超过二十年的历史了，在北美和西印度及孟加拉国茶叶市场上占有主导地位，现在为Lipton（立顿）所控制。

Taaza Danedar

这是Taaza商标下最经典的拼配茶，有着清新的芳香，灿烂的汤色和甘醇的口感。

Taaza Tea Bag

由孟加拉最好的茶园出产的优质红茶为原料制成，香气高雅，茶汤深红透彻，口感柔和，是袋泡红茶中难得的珍品。分为 Light, Regular 和 Strong 三种口味。

Red Label

Brooke Bond Red Label 是印度最大的茶叶品牌。这一品牌的红茶由阿萨姆优质红茶制成，口感醇厚，劲道十足，香气霸道，是印度人的最爱。

2. Tata 集团

Tata 集团是印度最大的产业集团之一，同时也是仅次于"印度斯坦联合利华"的世界上第二大茶叶公司。

Tata 茶叶公司拥有 26500 公顷茶园，目前年产红茶 56000 吨，速溶茶 2000 吨并拥有 Tata Tea, Tetley, Agni, Kanan Devan, Chakra Gold 和 Gemini 等六大茶叶品牌，在印度市场上占有 12%的市场份额。Tata 茶叶公司的产品覆盖了从低端到高端的消费市场，产品远销中东，西非，北非，美国，加拿大等国家和地区。

TaTa Tea Select Finest Assam Tea

Tata Tea

该品牌下的产品 90%是袋泡茶，10%是散茶。

Tata–Tetley

1837 年，Joseph 和 Edward Tetley 兄弟开始经销茶叶，1856 年，成立了“Joseph Tetley & Company, Wholesale Tea Dealer”，逐渐成为欧美市场上最知名的茶叶经销商，其后几经重组，1995 年 7 月被 Tata 茶叶公司收购，成为 Tata 集团旗下的一员。Tata–Tetley 公司的业务主要是针对印度的海外茶叶市场，尤以欧美的高端市场为主。

Tetley Tea Bags

堪称完美的袋泡茶，由阿萨姆、非洲和锡兰红茶拼配而成。强劲，清新，口味独特，红色的茶汤完美艳丽。

Tetley Extra Strong

超强劲浓烈的一款红茶，由阿萨姆和非洲红茶拼配而成。

Tetley Decaf

不含咖啡因的红茶，由阿萨姆、非洲和锡兰红茶拼配而成，将三种茶的特性完美结合在一起。

3. Premier’s Tea Ltd

印度 Premier’s Tea Ltd 创立于 1988 年，是世界上最知名的茶叶公司之一。其产品已经获得了包括 ISO 9001、2000 以及日本、美国和欧洲联盟等国家和组织的农产品相关认证，在加拿大，英国，德国，法国，日本，韩国，中国台湾，泰国，菲律宾，新加坡等国家和地区都享用盛誉，近年来也开始在中国市场上获得了一席之地。

Premier’s Tea Ltd 对茶叶的品质极为重视，从茶叶的生长、培育到采收、加工无不悉心对待，新茶只采摘茶枝顶部的一芽两叶，制茶设备完全采用日本制造的最先进的机械，确保了该公司产品的纯正品质。

Premier’s Garden Fresh Dajeeling

以精选的 FTGF OP1 级的大吉岭茶叶制成，含有许多黄金蕊（Orange Pekoe），最适合清饮，饮用者可以品味到其细腻且耐人寻味不同层次的芳香。

Premier’s Garden Fresh Assam

浓郁芳香，以其明亮的茶色与甘醇的余香享有盛名，适合添加牛奶冲泡成奶茶，口味柔润香醇，余韵无穷。

Premier’s Garden Fresh Nilgiri

茶香清新，风味淡雅，可清饮，也适合添加牛奶，糖或蜂蜜，享受多重滋味。

Premier’s le vrai Englishi Breakfast

由阿萨姆红茶或尼尔吉利红茶与锡兰红茶混调而成。浓厚中略带苦涩，最适合作为早餐茶，可清饮或加奶饮用。

Premier’s le celere Earl Grey

以口味较重的红茶为基茶，混合了由柑橘抽提的佛手柑油后而成，芳香独特，清饮、加奶或制作奶茶皆可。

● 斯里兰卡名茶

锡兰红茶是斯里兰卡的骄傲，在一个多世纪的茶叶种植和加工、销售过程中，斯里兰卡创立了许许多多享誉世界的著名茶叶品牌。

Akbar

Akbar Brothers Limited 是斯里兰卡最大的茶叶出口公司，其注册商标“Akbar”在全世界范围内被公认为优质红茶的代表和锡兰红茶的旗舰品牌。该公司是斯里兰卡历史上最早从事茶叶出口贸易的企业，其红茶行销全球。该公司是斯里兰卡同类企业中第一个获得国际 ISO 9002 和 HACCP 质量认证的。

Akbar Gold Collection

由精选斯里兰卡中央山脉西麓的优质红茶制成，具有独特的香气，强烈的口味，茶汤呈金红色，适合清饮。

Akbar Silver Collection

采用斯里兰卡南部高原出产的茶叶，具有丰富独特的风味和醇厚的口感，适合加奶饮用。

Akbar English Afternoon Tea

英国人最喜爱的口味，选取位于努沃勒埃利耶（Nuwara Eliya）亚热带高原的海拔将近 1900 米的茶园出产的优质红茶制成，其独特的风味和丰富的口感无与伦比。

Akbar English Breakfast Tea

这是一款独特的拼配茶，混合了斯里兰卡 Hatton，Dickoya，Bogawantalawa，Upcot/Maskeliya 和 Kotagala 等地海拔超过 1500 米的茶园出产的红茶制成，浓厚，强劲，风味独到，除去早餐之外，还可以在全天的任何时间享用，如果再同时拌有少许牛奶，或放上一片柠檬，味道更佳。

Akbar Earl Grey

由精选的斯里兰卡优质红茶加上香柠檬油和柑橘等调配而成，具有甘美的水果香味，刺激非常，适合清饮。

Impra

斯里兰卡 Imperial Teas Group 成立于 1994 年，现在为斯里兰卡三大茶叶出口商之一，其出口市场主要为俄罗斯、前苏联各加盟共和国及中东地区，Impra ®是其注册商标。该集团的相关产品于 2003 年通过 ISO 9001/2000 认证，2004 年通过了 HACCP 认证，2005 年获得 JAS 认证和 NASAA 认证，2007 年获得美国 KOSHER 认证、ISO 22,000 认证、英国零售商协会的 BRC 认证以及 GMP 认证。斯里兰卡政府把 Impra 红茶定为国际交往中向国外首脑赠送“国礼”的首选，被誉为斯里兰卡国宝级茶叶品牌。

Impra Kandy Orange Pekoe

斯里兰卡康提产区出产的优质橙白毫红茶，风味柔和，口感浑厚，适合泡煮香浓奶茶，能形成恰到好处的折中口味。

Impra Earl Grey Orange Pekoe

世界上最好的伯爵茶之一，由优质斯里兰卡橙白毫红茶制成。

Impra Royal Elixier

传统英国皇家口味的调味红茶，严格挑选全手工摘采的嫩叶，独特的培制技术加上最先进、卫生的设备和配方调制出口感香醇的红茶，是斯里兰卡的茶中之王。

Mabroc

Mabroc 是斯里兰卡 Mabroc Teas （Pvt） Ltd 的注册商标，该公司成立于 1988 年，主要产品 Mabroc 红茶为国际顶级红茶品牌，是西方国家消费的主流锡兰红茶。Mabroc 红茶是由斯里兰卡优质的高海拔茶叶精工制作而成，2003 年获得了 ISO 9000/2001 和 HACCP 认证，产品行销巴林、澳大利亚、奥地利、爱沙尼亚、德国、伊拉克、日本、拉脱维亚、俄罗斯、沙特阿拉伯、叙利亚、阿联酋、英国、乌克兰和美国等几十个国家，最近还进入了中国市场。

Mabroc Nuwara Eliya

以努沃勒埃利耶（Nuwara Eliya）产区出产的优质茶叶制成，口味香浓馥郁，茶汤稍显清淡，冲泡后，在茶杯内壁上会显现一圈闪亮的金边，这是

优质努沃勒埃利耶茶的独特之处。

Mabroc Earl Grey

茶叶的外形整齐紧实，富有香柠和天然花瓣的甜蜜和幽香。

Mabroc Siberian Blend

“Siberian”意即“西伯利亚”，望文生义可知这是一种适合于严寒地区饮用的红茶，强劲，醇厚，汤色赤红，略带苦涩，回甘性强，适合加糖、白兰地或奶饮用。

Mabroc1001 Nights

一款非常特别的调味茶，由红茶、绿茶拼配后加入玫瑰花瓣、向日葵花瓣、车矢菊和草莓等调制而成，散发出微妙的花果香气，汤色深红。

Dilmah

Dilmah 是斯里兰卡 MJF Group’s 的注册商标，该公司由 Merrill J. Fernando 在 1950 年创立，主要生产高品质红茶，是锡兰红茶中最著名的斯里兰卡民族品牌之一。

Dilmah Ceylon Cinnamon Spice Tea

采用汀布拉地区海拔 1200 米以上的优质茶叶和斯里兰卡极品肉桂制成，茶汤金黄明亮，既有红茶的馥郁，又有肉桂的刺激，是一款极其迷人的调味茶。

Dilmah Ceylon Supreme

一款未经拼配的纯粹的锡兰红茶，香气浓郁，口感丰富。

Dilmah Earl Grey

充满了红茶的芬芳和花朵、佛手、柑橘的甜蜜，强劲非常，口味较甜。

Dilmah English Breakfast Tea

由斯里兰卡汀布拉和乌瓦出产的红茶拼配而成，茶汤呈红褐色，香气浓郁，味道甘美。

Dilmah Italian Almond Tea

劲道适中，充满了红茶的芳香和杏仁的甜美，由斯里兰卡中段茶产区的 Doombagastalawa Estate Tea 出产的茶叶和意大利苦杏仁调配而成，茶汤呈美丽的琥珀色。

Dilmah Single Estate Tea – Lovers Leap

精选来自努沃勒埃利耶地区海拔 1700 多米的 Lovers Leap Estate Tea 出产的顶级茶叶制成，茶汤呈浅棕黄色，明澈通透，口感活泼，轻松，有微微的单宁苦涩味，回甘性强。

Dilmah Single Estate Tea – Somerset

选取汀布拉谷地位于海拔近 1400 米的 Somerset Estate Tea 出产的优质茶叶制成，口感醇和平衡，富有单宁酸的苦涩，回甘很好，茶汤呈棕色。

Dilmah Single Estate Tea – Doombagastalawa

选取来自海拔 1000 米的 Doombagastalawa Estate 的优质茶叶制成，中等劲道，茶汤呈褐色，美味舒爽。

Dilmah Single Estate Tea – Nilgama

选自低地区的 Nilagama Estate 出产的茶叶制成，Nilagama Estate 海拔不到 250 米，是世界上能够出产最优质红茶的海拔最低的茶园，创立于 19 世纪初。茶汤呈深棕色，接近巧克力色，单宁酸圆润，口感顺滑，浓郁非常，厚重沉稳。

红茶的选购和贮存

● 红茶的选购

选购红茶时首先要学会读懂“茶标”。所谓“茶标”，就是指茶叶外包装上的标签。茶标包含着该茶的所有相关信息，对于购买者在鉴别茶叶的种类、品级、产地、配方以及包装形式等方面都有极大的帮助。

下面我们以锡兰 Dilmah 红茶中的 Dilmah Single Estate Tea－Doombagastalawa 袋泡茶的茶标为例做一个简要的说明：

1. 商标：Dilmah。

2. 口味：Single Origin（单一原味）。拼配茶和调味茶会标明拼配的具体品种和所添加的调味辅料，如英国早茶中多会标明由 Assam。

3. 产国：Ceylon（锡兰）

4. 产区：这一款未标注产区，而有些茶标上会标明产区，如 Nuwara Eliya，Darjeeling 等字样。

5. 茶园：Doombagastalawa Estate（Doombagastalawa 庄园）。非单一茶园出产的茶则不标注茶园，而代之以产区名称。

6. 等级：Broken Orange Pekoe Special（破碎的特级橙白毫）。

7. 规格：20 Luxury Leaf Bags（20 袋豪华茶包）。如果是非袋装茶则会标明“Loose Tea”（散茶）。

8. 重量：40 net 1.41oz（净重 40 克，折合 1.41 盎司）。

9. 生产日期：茶标或者包装罐、盒的底部或顶部都会标注明确的生产日期，购买时一定要注意，不要购买制造日期超过一年半的茶叶。

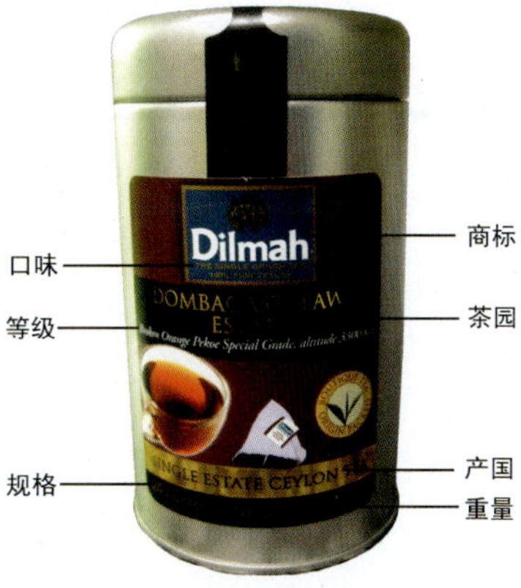

茶标

此外，在购买带有原厂包装的

印度大吉岭 Arya Tea Estate 夏摘
“钻石级”红茶的茶叶、茶汤和叶底

茶叶时，一定要注意包装是否完好，以免茶叶受潮。

通过茶标来判别所要购买的红茶信息是一种比较稳妥和科学的方法，但这种方法只适用于那些带有包装销售的红茶，而对于那些散装茶则完全不适用，那么购买散装红茶时该注意些什么呢？

首先，购买散装红茶一定要去那些信誉好的商家，最好是诚信的茶叶专卖店购买，以期在茶叶品质上能够得到保障。

其次，购买者要有一定的红茶专业知识，了解各种红茶的特性，能够通过外形、色泽、香气等方面鉴别茶叶的优劣、产地、品种和品质，以防商家以次充好，令购买者遭受不必要的损失。

第三，注意包装上的制造日期。

第四，注意新鲜度。正常的茶叶含水量为 5-7%，手捏即成粉末，如不易粉碎即易受潮。一次购买不要太多，最好少购多次，以保持新鲜。

最后，如果条件和商家允许，最好能够当场冲泡所要购买的茶叶，这样就可以通过茶叶浸泡后的外观、形态、口感、香气、茶汤颜色乃至叶底色形来进一步地鉴别，也就更不易上当受骗了。

● 红茶的贮存

一般少量的茶，又会在短时间内饮用，只要择一洁净的茶罐存放即可，应注意的是茶罐的质地，绝不能用塑料或其他化学合成材料制品，最好选用密封性较好的锡罐、瓷罐、马口铁罐、竹质罐或者玻璃罐，但绿茶因为会因光照而变质，所以不能用玻璃器皿盛放，而陶罐因陶的透气性较强，易使茶失味，也不宜用。

如果茶量较大，需贮存一段时间，那么就要比较仔细地对待了。

首先，要检验一下将要贮存的茶的干湿程度，一般的茶的水分应在 5-7%之间，水分太大，贮存极易霉变，所以，当茶的水分较高时，应先将其烘干。在烘干时应注意用于烘干的容器一定要清洁，绝对不能有油污，以免污染茶。

然后，将茶（如经过烘干，一定要待茶凉后）装入锡质或马口铁的罐子中，盖紧盖子后，用胶带封口，有条件时可以在罐中放置一小袋食品干燥剂；也可把茶放入干燥的保温瓶中，盖好盖子后，用熔化后的白蜡将瓶口密封；有条件的，还可把茶装入洁净的食品真空袋内，用家用抽真空机抽成真空，置于暗处存放，其效果更佳。

锡质茶叶罐

红茶与健康

● 红茶的保健作用

众所周知，茶叶中富含包括K、C、A、和E等多种维生素，以及赖氨酸、氨基酸、氟、茶多酚等成分，具有抗血小板凝集、促进膳食纤维溶解、降血压、降血脂的作用，对防治心血管疾病十分有利，还具有提神醒脑、振奋精神、增强免疫、消除疲劳、抗龋固齿、减肥瘦身的作用，有助于保持皮肤光洁白嫩，减少皱纹，还能抗氧化、防辐射、预防肿瘤等功效，对人体十分有益，而全发酵的红茶，在这些方面表现得则更加充分，此外，它还具有一些特殊的保健功效。

2002年5月13日美国医师协会发布了对497名男性、540名女性10年以上的跟踪调查，调查表明，在这些人里，饮用红茶的人骨骼强壮，其原因在于红茶中的茶多酚抑制破坏骨细胞物质的活力，保护了人体骨骼。因此，医学家和营养学家们建议：为防治骨质疏松症，常人最好每天饮用一杯红茶，如在红茶中加入柠檬或是其他富含维生素C的水果，则强壮骨骼的效果更好。

日本大阪市立大学的实验表明，被检测者在饮用红茶一小时后流经心脏的血流速度得到了改善，由此证实了红茶有较强的防治心梗效用。

美国科学家的研究表明，长期饮用红茶对抗衰老有明显的收效，红茶的抗衰老作用甚至超过了人们一向视作抗衰老佳品的大蒜头、西兰花和胡萝卜等。

红茶还具有养胃的作用。红茶是全发酵茶，茶叶中所含的茶多酚在氧化酶的作用下发生酶促氧化反应形成的氧化产物能够促进人体消化，经常饮用加糖的红茶、加牛奶的红茶，能消炎、保护胃黏膜，对治疗胃和十二指肠溃疡也有一定效果。

英国科学家给16名志愿者喝含有75克葡萄糖的溶液，葡萄糖溶液包括四种配方：第一组是用白水配的，第二组是白水加咖啡因配的，第三组是用1克分量的袋泡茶冲泡的红茶水配的，第四组是用3克袋泡茶冲泡的红茶水配的，结果发现，喝下红茶溶解的葡萄糖溶液的两组志愿者血糖更加平稳，而喝下白水和白水加咖啡因混配的两组则没有任何改善。研究者因此得出了红茶对糖尿病人有好处，它可以刺激胰岛素的分泌，降低餐后血糖的峰值的结论。

● 红茶的禁忌

红茶虽然是一种对人体健康能够起到多种促进和保健作用的茶饮料，但并不是所有人都适合饮用红茶的，红茶具有一定的刺激性，对中枢神经的作用尤为明显，因此发热病人、肾功能不良者、心血管疾病患者、习惯性便秘的人、消化道溃疡严重者、神经衰弱患者、孕妇和哺乳期妇女，以及儿童最好不要饮用红茶。

红茶的冲泡

泡茶是一门学问，有时候甚至是一门艺术，传统的中国绿茶和工夫茶如此，红茶也是这样。

中国人自宋代开始多采用冲泡的方式来泡茶，萧规曹随地至今多数人在饮用红茶时，也依旧是采用冲泡法，而西方和一些非洲、阿拉伯国家的饮茶者则不仅仅局限于冲泡法，有时也会采用烹煮法。那么，究竟如何泡饮红茶才更科学、更合理呢？其实这还要取决于所饮用的红茶的品种、形制、特点和饮用的方式。

通常红茶的饮用方式有两种，即“清饮法”和“调饮法”。

所谓“清饮法”是指在茶汤中不加任何调味辅料，使茶叶发挥固有的香味，也叫做“纯饮法”，这种饮茶方式可以最大限度地体味茶叶的真香和风味。常见的“清饮法”就是我们中国人常说的“沏茶”，即以开水注入杯或茶壶中来冲泡茶叶，获取可以饮用的茶汤，包括“杯泡”、“壶泡”和“工夫茶泡法”。

“调饮法”则是指在茶汤中加入调味辅料，以期在茶汤中融入一些其他的味道和香气，丰富茶汤的风味和口感的方法。“调饮法”在“杯泡”、“壶泡”之外又加入了“烹煮法”的形式，尤其是对那些添加了需要经过较长时间烹煮和浸出才能最大限度发挥特性的调味辅料的红茶来说，烹煮法就显得更为重要了。

各种红茶的品种、品质和加工形式不尽相同，因此，在饮用时只有根据具体的特性采用相应的制作形式，才能最大限度地发挥茶叶自身的特性，最大限度地令饮用者品饮到茶叶的真香和美味。所以说，在“冲泡”和“烹煮”这两种饮用形式的选择中，并无高下之分，关键是要选择最适合你所饮用的茶叶品种的饮用方法。

● 泡饮法

泡饮法又可细分为“杯泡法”、“壶泡法”、“盖碗泡法”、“工夫茶泡法”和“冲茶器泡法”等几种形式。

1. 杯泡法

“杯泡法”是红茶饮用中最简便易行的一种形式，即将茶叶置于瓷质或玻璃茶杯中，用沸水冲泡后饮用，适用于小种红茶、工夫红茶、印度和锡兰茶中的条形茶、袋泡红茶和速溶红茶等。

杯泡法的步骤：

以常见的200毫升左右的茶杯为例。

（1）冲泡前先用开水将茶杯预热，这样做的目的是因为如果用煮沸的开水直接泡茶，则会被温度相对较低的茶杯吸收了部分热量，从而难以达到沸水冲茶的目的，大大降低了茶叶真香的挥发和茶叶中一些微量物质的浸出和萃取，弱化了茶汤的口感。

（2）选取大约3克的茶叶，以180毫升的开水冲泡，冲泡时间则要视所泡之茶的情况而定，袋泡茶和速溶茶的时间可以控制在两分钟左右，而小种红茶和工夫红茶则应在三分钟左右，至于印度和锡兰红茶，则一般在三分钟到四分钟之间，而如果在茶中加入了鲜牛奶或者鲜柠檬片等调味辅料，则需要浸泡四至五分钟为宜。

杯泡法

杯泡法是最简便易行的一种红茶泡饮方式，但这种方法也有不可避免的缺陷，首先泡饮过程中开水的温度随环境温度下降较快，对于需要经过高温沸水才能充分浸出全部滋味的红茶来说很难达到百分之百的萃取效果；其次，使用杯泡法泡茶，饮用者在品饮过程中很难避免茶杯中的碎茶和茶渣随茶汤一道进入口腔，多少有些不美。因此，杯泡法对于选取所泡之茶的要求就相对较高了，除去袋泡茶和速溶茶之外，一定要选用那些外形整齐紧密的茶种。一般来说，杯泡法更适合清饮。

为了杜绝杯泡时的茶渣，欧美的茶客们发明了许多用于杯泡时将茶渣和茶汤分隔开来的专用器具，如过滤网夹和滤笼，使用这些辅助性的小玩意儿泡茶，可以使饮茶者免受茶渣的“骚扰”。

将盛有茶叶的过滤网夹置于茶杯中冲泡

冲泡后将网夹取出

2. 壶泡法

壶泡法和杯泡法比较近似，只是将茶杯换作了茶壶而已，这种泡法更适合多人饮茶时使用，而且相对于杯泡法来说，因为茶汤经过茶滤过滤，可以最大限度地避免碎茶和茶渣进入品饮者的口腔，不仅少了许多麻烦，对于红茶品种的选用也相对更宽泛了，除去末茶之外，所有形式的红茶都可选用这一方法来冲泡。

壶泡法的步骤：

以常见的西式四杯组茶具为例。

（1）暖壶温杯，即用开水将准备用来冲泡红茶的茶壶和饮用时使用的茶杯加热。

（2）将大约 12 克左右的红茶置入壶中，注入沸水，加盖浸泡 3–4 分钟，如果再加入了柠檬片等辅料，则需相应将浸泡时间延长 1–2 分钟。

（3）将茶滤置于茶杯口沿，将壶中泡好的茶汤通过茶滤注入茶杯后即可饮用（如果是袋泡茶和速溶茶则无需这一步骤），如果需要加糖或奶，则需要在茶汤注入茶杯后再将其加入杯中。

壶泡法对于清饮和调饮都适用。

壶泡过滤

3. 盖碗泡法

盖碗泡法是我国特有的泡茶方法，适宜在泡饮我国特有的小种红茶、工夫红茶时采用。

盖碗泡法的步骤：

(1)温杯——用沸水先将空的盖碗预热。

(2)投茶——首先将盖碗的盖子打开，轻放于几上，一定要将盖子的盖口朝上，以示卫生；然后以右手拇、食、中三指从茶罐中捏取约 3 克左右的茶叶，置于盖碗中。

(3)冲泡——先往碗中注入少许之水，温润茶叶，少顷，再悬壶冲泡，碗中水以七分为宜，冲泡后立即将碗盖轻覆碗上，浸泡 3 分钟左右。

盖碗泡法

（4）匀汤——冲泡时间结束后，开盖，以盖边拨拂碗中茶水，使茶汤上下均匀。

（5）观色——欣赏碗中金黄色的茶汤。

（6）闻香——就袅袅蒸气体味茶之芬芳。

（7）品茶——品饮盖碗茶时一定要小口轻啜，切忌牛饮。首品时，须先轻啜一小口，回味甘泉，然后再细细品饮。

盖碗泡法适宜清饮，调饮效果相对差一些。

4. 工夫茶泡法

“工夫茶泡法”是流行于我国广东、福建和台湾等地的一种泡茶方式，而这些地区恰恰是我国传统红茶的主要产地，因此，“工夫茶泡法”对于我国出产的工夫红茶和小种红茶最为适宜，此外，用此方法冲泡条形的西式红茶也有着不错的品饮效果。

工夫茶泡法的步骤：

（1）备具

茶具是工夫茶中很重要的部分，这些用具各有所用，缺一不可。

（2）备茶

用具准备好之后，要将饮用时所需的小茶罐装满茶，以备冲泡之需。

（3）备水

这是很重要的一个环节，现代一般泡茶已经很难如古人那样选用山泉之类的名水了，我们可以选用味道较纯正的自来水，有条件的可选用矿泉水或纯净水。

（4）烧水

将准备用于泡茶的水加入水壶中，水壶最好选用玻璃的，以便于观察水的沸腾情况。把装满水的水壶置于小炉子之上，待烧至壶底向上泛出串串鱼目大小的水泡即可取下旁置待用。

（5）温壶

将用于泡茶的小壶置于茶池之中，把烧好的水倒入其中，至水溢出壶口为止，开水在茶壶中大约存留一分钟，然后倒入茶洗中待用。

（6）置茶

把小茶罐中的茶用茶匙盛出一次所用之量，置于茶荷中，将漏斗安放在茶壶口上，把茶荷中的茶用茶匙经过漏斗拨入茶壶之中。

（7）冲泡

将装好茶的茶壶置于茶盘之上，把水壶中已经烧好的水冲入茶壶中，至泡沫满溢出壶口，然后合上壶盖。

（8）烫杯

在等候泡茶的时候，把饮茶所用的小杯和分茶用的茶海在茶池中温壶所用过的水中浸泡，目的即是讲究卫生，也是为使杯子达到一定温度，不致使热茶汤冲入冷杯子后失香，同时也可以此来计算泡茶的时间，一般第一泡的时间以烫完八只茶杯的时间为宜。将烫好的茶杯和茶海置于茶盘上待用。

（9）倒茶

茶汤从茶壶中倒出，先倒出来的较淡，后倒出的较浓，为显示人人平等，也为使茶汤浓淡适中，所以先将茶壶中的茶汤倒入茶海——公道杯中，倒入时用茶滤过滤，以去茶汤中之杂质。倒茶时应注意要将茶壶中的茶汤全部倒出。倒出茶汤后的茶壶中应及时添水，开始第二泡。

（10）分杯

将茶海中的茶汤倒入饮茶的小杯中，注意每位客人的杯中茶要尽量均等，茶汤在杯中以八分满为宜。

（11）奉茶

分茶之后，主人应礼让客人，然后各自取杯啜饮。

（12）去渣

一般的茶经过三泡之后，味道已尽，需要去除壶中残茶，如是上好之茶，可多泡几泡，直至味尽。将壶盖打开，用竹夹夹出壶内残茶，置于茶盘下格中，如果需要继续饮茶，则重新来过；如果要换另一种茶，则一定要更换茶壶，以免不同的茶味相串，失其真香。

（13）还原

用茶已毕，将残茶去掉，清洗杯、壶等茶具，然后将所有茶具放置妥当，以备下次品茗之需。

需要说明的一点是，“盖碗泡法”和“工夫泡法”只适合“清饮”时采用，而在调饮红茶时，则几乎完全不适用。

5. 冲茶器泡法

冲茶器是一种源自法式压滤壶（French Press）的泡茶工具，这种法式压壶原本是用来冲泡咖啡的，后来被日本人用来泡茶，效果不错，因此便在全世界风靡起来，还衍生出带有酒精灯或蜡烛保温的冲茶器等诸多品种。我们这里所说的冲茶器是特指非电动的普通冲茶器或使用燃料保温的冲茶器。

使用冲茶器冲泡红茶操作简便，居家、外出使用皆宜。

冲茶器泡法的步骤：

以常见茶杯为例。

（1）将冲茶器的盖子连同压杆、金属滤网旋出放置一边，将压杆拉到极限，取 3 克红茶倒入冲茶器中。

（2）将沸水注入冲茶器中，用茶匙轻轻顺时针搅拌，使茶叶和水充分混合，静置 30 秒钟左右，再次顺时针搅拌后盖上盖子，慢慢压下压杆，直至压杆联动的滤网抵达壶底，而后浸泡约 3 分钟。

（3）将冲茶器内萃冲泡好的茶汤倒入茶杯，即可饮用。

采用冲茶器泡法冲泡红茶对茶叶的要求相对较低，各种条形茶、碎形茶均可，如果你的冲茶器滤网足够细密，即使是茶粉也可以使用；清饮、调饮皆宜。

● 烹煮法

以烹煮的形式萃取红茶茶汤的方法叫做“烹煮法”。“烹煮法”在我国只有一些少数民族采用，而在西方则是一种很普遍的饮茶形式。

烹煮法适用于那些较“老”、味浓的西式条形或碎形红茶，比如印度的阿萨姆红茶、非洲红茶和锡兰红茶中的中段和低地红茶等，而对于小种红茶、工夫红茶等则不适用，而一些口味较重、劲道较强的袋泡茶和速溶茶也可选用这种方法烹制。

烹煮法按照所采用的烹制工具又可分为“壶煮”（锅煮）、“电动冲茶器”等方式。

1. 壶煮（锅煮）法

这种烹煮红茶的方法是西方和印度等国饮茶者最常用的方法，操作简便，对茶具的要求也比较宽泛，极适合用来烹制印度、锡兰和非洲等地出产的红茶。

壶煮（锅煮）法的步骤：

（1）选用金属、搪瓷的煎茶壶或者耐高温的玻璃壶，也可使用一般烹饪所用的金属、搪瓷或者陶瓷锅具，不过切忌不能用那些曾经烹炒过饭菜，被食用油或其他烹饪材料侵蚀过的锅具，一定要保持烹煮器皿的洁净，避免破坏和污染茶叶。

（2）将煮茶所用器皿注入适量冷水，置于火源之上，待水滚沸后加入茶叶，茶叶用量通常按照每杯份 3 克的标准，可在器皿上加盖，也可不加，小火烹煮，以器皿内沸水呈现直径不大于一公分的小泡为宜，一般的口味和劲道的茶汤只需持续烹煮两分钟左右即可，如果希望茶汤更佳浓厚，则可相应延长一点时间，但绝不可超过 5 分钟，否则茶叶过于熟烂，反而香气受损，口感不佳。如需在茶中加入调味辅料，通常要随茶叶一道加入器皿，但对于一些鲜花类辅料，则应后于茶叶加入，通常最好在茶叶烹煮一分到一分半钟之后再行加入。

（3）烹煮好的茶汤须经茶滤过滤，将茶滤置于茶壶沿口之上，滤去茶渣和碎茶后，茶壶内清澈的茶汤清饮或调饮均可。

壶煮法

壶煮（锅煮）法对于清饮和调饮皆宜，对于茶叶外形则没有任何要求，条形、碎形、袋泡茶、速溶茶皆可，只是需要注意，在烹煮时一定要视茶叶的老、嫩程度适当调节水的滚沸程度和烹煮时间，以免煮烂茶叶。

在俄罗斯、土耳其及一些阿拉伯国家，有一种专门用来烹茶的茶具，通常被称之为“茶饮”（Samovar），茶饮又分为三种，即茶壶型（也称咖啡壶型）茶炊、炉灶型茶炊和烧水型茶炊，后者是用来烧开水冲茶的器具，而前两者则是烹煮茶的器具，是“壶煮（锅煮）法”的一个特例。

2. 电动冲茶器法

说是“电动冲茶器”，其实不如叫做“电动煮茶器”更加贴切，这种衍生于美式电动咖啡机的烹茶工具操作简便，大多还带有保温功能，烹制出来的茶汤味美、色鲜，无需另外过滤，是极好的烹煮红茶的选择。使用电动冲茶器烹煮红茶，可以选用几乎所有品类的红茶，甚至在欧美一些国家还有专门为适应电动冲茶器的袋装茶饼，只需将茶叶或茶饼加入电动冲茶器中，在冲茶器的水箱中注入适量冷水，设定好时间，按下按钮，几分钟之后就可以得到一杯甘醇滚热的红茶了，就像我们时常使用的傻瓜相机一般简便。

● 阳光茶

近年来，在欧美一些国家出现了一种叫做“Sun Tea”（阳光茶）的冲泡红茶的方式，这种深受环保人士推崇的泡茶方法其实很简单，将红茶（通常以袋装红茶为佳）加入容器中，添加适量的冷水，而后将容器密封，置于阳光之下，经太阳照射约5–6个小时后即可饮用。这种方法最大的特点就在于节省能源，且冲泡出来的红茶真香凝聚，口感舒爽。

阳光茶

● 时间法则

无论是冲泡或是烹煮红茶，都需要把握一个至关重要的法则，那就是冲泡或烹煮的时间。

遵循严格的时间法则，是冲泡和烹煮出完美茶汤所必不可少的。

红茶冲泡或烹煮的时间的长短，是依据所要冲泡、烹煮的茶叶品类和品质，以及外形所决定的。

1. 嫩茶时间短

我们前面所讲的一些冲泡或烹煮红茶的时间， 主要是针对一般的红茶泛泛而言，具体到不同品质的红茶，则需要在冲泡和烹煮时间上更精细地把握。一般而言，质地较嫩的茶叶，冲泡、烹煮的时间相对要短一些，这类茶包括我国的小种红茶、工夫红茶，印度大吉岭的春摘、夏摘茶和大部分的锡兰高地红茶，以及袋泡茶和速溶茶这些碎形茶。

以大吉岭茶为例，其春摘和夏摘茶通常冲泡时间应该控制在2–3分钟，而倘若烹煮则不应超过2分钟；雨季和秋摘茶则需要冲泡3分钟以上，即使烹煮也不应该少于3分钟。

2. 老茶时间长

质地较老的红茶冲泡和烹煮的时间应相应延长一些，比如大部分的阿萨姆红茶，锡兰中段和低地产区的红茶，非洲茶，大吉岭、尼泊尔的雨季和秋摘茶，以及我国的滇红等，在冲泡和烹煮时，时间太短则茶汤寡淡，必须较长时间地浸泡后才能将茶叶中的物质最大限度地浸出，以享受其芳香和甘美。

对于这些比较“老”的茶叶，应该在一般的冲泡、烹煮时间上增加 1 分钟左右。

3. 浓淡决定时间

冲泡和烹煮的时间可以决定茶汤的浓淡这是一个显而易见的问题，通常情况下，如果品饮者习惯于略微清淡、柔和一些的茶汤，则可以适当减少冲泡、烹煮的时间，反之亦然。

红茶茶具

要冲泡或烹煮出一杯香气馥郁、口味甘美的红茶，茶叶固然是第一重要的，但优质和实用的茶具也是万万不可或缺的，正所谓“工欲善其事必先利其器”，所以，泡茶和煮茶的工具，盛载茶汤的器皿同样是一个不可忽略的重要方面。

冲泡、烹煮和饮用红茶的器具依照制作和饮用红茶的形式而各有不同。

● 杯泡法茶具

杯泡法所需的茶具相对较为简单，主要包括：

水壶

用来烧开水，一般是金属制成，通常选用不锈钢材质的，也有玻璃制成的，烧水效果最好。也可选用电热水壶，使用更加方便。

玻璃水壶

不锈钢电热水壶

茶壶

最好为瓷质或玻璃的，欧美一些国家喜欢用锡、银、钢等金属材质的茶壶，其实并不太好；壶腹以圆形或鼓形为佳，壶盖要密合，容量一般在800毫升为宜，也可选用包括茶杯、茶壶等在内的茶具组合。

茶壶

茶具组

茶杯

最好选用瓷质的，内壁以白色为最佳，可以更好地观察茶汤的颜色；茶杯容量最好在200毫升以下。

茶杯

糖罐

用来盛放饮茶时所添加的砂糖或方糖，有带盖不带盖两种，如是清饮则不需要。

糖罐

奶缸

用来盛放饮茶时添加的鲜奶，如是清饮则不需要。

奶缸

奶缸和糖罐组合

茶叶罐

用来盛放茶叶，最好选用瓷质或锡质的，密封性要好。

瓷质茶叶罐

量匙

用来从茶叶罐中量取茶叶的小勺，中号茶匙一匙约为3克，即为泡一杯茶所需的茶叶量。

一杯分量匙

茶匙

用以搅拌往茶汤中添加的牛奶、糖等辅料，使之尽速均匀地融合于茶汤之中。

茶匙

糖匙

用来从糖罐中盛取砂糖的小勺。

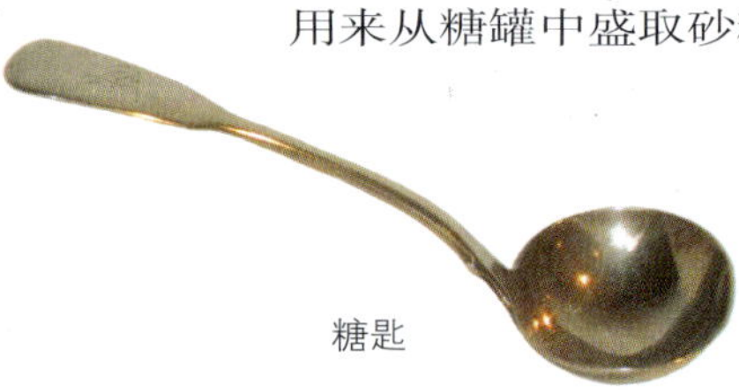

糖匙

糖夹

用来从糖罐中夹取方糖的夹子。

糖夹

茶滤

用于过滤茶壶倒茶入杯时的茶渣或将茶叶加入其中后泡于茶杯、茶壶之中。

茶滤

沙漏

用以控制冲泡或烹煮红茶的时间。

沙漏

● 壶泡法茶具

壶泡法所需的茶具和杯泡法大同小异，只是多了一个用以冲泡的茶壶而已。壶泡法中的茶壶通常最好选用陶制、瓷制、银制或玻璃的，切忌不能选用铁壶，因铁会与红茶中的多酚类物质产生化学变化，使红茶的汤色变黑，口味变差。茶壶造型以矮胖略呈圆形为佳，这样形制的茶壶在开水注入壶中时，上下层的茶叶发生对流运动，这样能使红茶的美味更完全地释放出来；茶壶容量需要根据配用茶杯的数量和容量来确定。

近年来欧美和东南亚等地流行一种带有过滤内胆的玻璃茶壶，港台地区称之为“如意壶”，用来冲泡红茶非常方便，将茶叶加入带有滤网的内胆中冲泡，可以省去过滤茶叶的麻烦，是一种新式的壶泡茶具。

如意壶

如意壶泡茶

此外，由于壶泡法多是在多人饮茶之时选用，因此，最好再配一只盛放茶杯的茶盘，茶盘的直径也应视茶杯的大小和数量而定。

带茶盘的茶具

● 烹煮法茶具

烹煮法所需的茶具较之杯泡和壶泡少了烧水的水壶，代之以烹煮红茶的煎茶壶或烹煮锅。

煎茶壶或烹煮锅通常以不锈钢或搪瓷材质为佳，容量也是视饮用时所配茶杯的数量和容量而定。

搪瓷壶

● 工夫泡法茶具

泡工夫红茶所用的茶具相对比较复杂，主要包括：

茶壶——泡茶用

水壶——用于煮水

小炉——用于烧水，现在一般用电炉或煤气、酒精炉

茶海——又叫公道杯，用于将泡好之茶汤分于茶杯

茶杯——饮茶用

茶池——用于洗杯、淋壶

茶盘——放置茶壶、公道杯、茶杯等，并有承接温壶、洗杯、洗茶之水的作用

茶罐——贮存茶

量匙——用于盛装茶叶

茶夹——用于清理壶中残茶

茶针——用于疏通茶壶的壶嘴和滤孔

漏斗——用于向壶中装填茶叶

茶滤——用于过滤茶汤

茶荷——用于分茶和赏茶

工夫茶具

如选用冲茶器、电动冲茶器或茶饮来冲泡或烹煮红茶，这些器具则可以代替前面几种冲泡、烹煮方法中的茶壶、水壶、煎茶壶和烹煮锅的作用了。

红茶文化

红茶从它跨出中国国门的那一刻就成为了一种世界性的饮料，并深入到世界各个角落，在那里生根、发芽、开花、结果，融入了当地人们的生活，衍生出缤纷绮丽的各种饮茶风俗和文化，也大大丰富了红茶饮用的内涵，令人颇有耳目一新的感觉。

● 英国红茶文化

英国人对红茶的酷爱堪称世界之最，尽管英国从来都不是一个出产红茶的国家，但它却在红茶的发展史上占有着举足轻重的地位，尤其是英国人的饮茶习俗，几乎可以称得上是一种将东西方文明有机结合的典范。

1. 英式早茶(English Breakfast tea)

英式早茶究竟源自何时目前还没有一个确切的结论，通常的说法是它是由英格兰第一个茶叶经销商Richard Davies在1843年率先推出的。

英式早茶

英式早茶是一种混合红茶通称，其口味浓郁、强劲，饮用时通常加入牛奶和糖。最常见的英式早茶是由阿萨姆、锡兰和肯尼亚红茶拼配而成的，而最高档的还会在其中加入昂贵的中国祁门红茶。

传统的英式早茶需要配合传统英式早餐来饮用。传统的英式早餐绝不是我们通常概念中简简单单的一点面包加黄油、果酱之类的，它几乎可以与任何一种西式大餐的规模相媲美：鲜果汁，奶油烤吐司，煎蛋，脆烟肉，煎香肠，苏格兰血布丁，炒蘑菇，烤番茄，薯饼，茄汁焗豆等等，隆重非常。配上一杯甘美芳醇、提神醒脑的早餐红茶，让人享用过后，一整天都会精力十足，体力充沛。

2. 英式下午茶（English Afternoon Tea）

英式下午茶的历史比英式早茶要早得多，而且很有意思的是，这种蜚声世界的饮茶形式却并非像它的名字那样发源于英国，实际上这种饮茶形式最初源自法国，17 世纪法国最伟大的女作家 Madame de Sévigné（1626 年至 1696 年）在 1636 年写给友人和女儿的书信中就不止一次提到了当时在巴黎盛行下午饮茶的习俗，介绍了那些盛况空前的豪门贵族的下午茶会，由此可知，至少在 1636 年之前，法国就已经有饮用下午茶的习惯了，不过当时法国人饮用的是否是红茶这一点就有待考证了。

法国人饮用下午茶的习惯在 1658 年前后传入了英国，不过当时英国还没有“下午茶”这一概念，他们通常将法国人的下午茶延后至晚餐时间饮用，称之为“High Tea”，或“Meat Tea”。随着饮茶习惯的逐渐普及，英国人渐渐地也开始在下午的时间饮用红茶了，不过相对于“High Tea”，他们将下午饮茶称之为“Low Tea”，或“Tea Time”，以示区别，至今在苏格兰、美国和加拿大等地，许多人还习惯于将下午茶称之为“Tea Time”，就是源自那时。最初的“Tea Time”只是简单地饮茶，茶桌上至多有一点饼干之类的小点心，根本无法和后来著名的英式下午茶相提并论。

1840 年，维多利亚女王（Victoria）宫中的女官贝德福公爵夫人（Duchess of Bedford）Anna Maria Stanhope（1783–1857）经常会在下午的时候感觉肚子饿，于是，她的女仆便会在每天下午四点左右为她准备丰盛的点心和菜肴，再配上一杯浓郁的红茶，贝德福公爵夫人有时还会邀请她的几个女友一道在她的贝尔瓦城堡（Belvoir Castle）享用她的丰盛的下午茶，后

贝尔瓦城堡

来她还把这种饮茶形式带到了伦敦的上流社会，从此，英式下午茶的美名便不胫而走，成为全世界红茶饮用形式中的一道美丽风景。

传统的英式下午茶通常在下午 3–5 点之间举行，除了上好的红茶之外，还有配有各种品类的菜肴、点心和糖果等。这些菜肴和点心、糖果分别盛在一个三层的银质支架托放着的三只托盘中，因分三层叠加，所以又被称为“三层塔”。三层塔的每一层各有专用名称，第一层叫做“Savories”，第二层叫“Scones”，第三层则称之为“Pastries”。三层塔的第一层一般摆放咸味的各式三明治，如火腿、芝士等口味，还有如熏鱼、鱼子酱等开胃小菜，第二层是果酱、烤饼、奶酪，第三层则是甜点和糖果。

英式下午茶和三层塔

英式下午茶的红茶选用精美的古瓷茶具，考究非常，茶叶则是由来自印度、斯里兰卡、中国和非洲的上等红茶按比例拼配而成，根据个人习惯或清饮，或加奶和糖，还有用奶油调配的。

随着生活节奏的加快，现在的英式下午茶已经大大简化了，除非比较正式的场合，已经很少有“三层塔”的出现了，而且即便是“三层塔”，也不似多年前那样考究了，经常是简简单单地随便摆放几样糕点、水果或冰激凌了事，实在是少了许多情趣和享受。

英式早茶和下午茶对世界红茶饮用形式的影响是显而易见的，除英国以外，一些原英国殖民地国家，乃至许多欧洲国家，在饮茶形式上都留有明显的英国茶俗的印记，如爱尔兰早茶和下午茶，加拿大人和美国人的“Tea Time”，几乎都是从英式饮茶习俗中脱胎而来的。

3. 英国的“茶礼”

英国是世界上第二大人均消费茶叶最多的国家，饮茶在英国不仅是一种生活习惯，更是一种文化形式，而最能代表英国茶文化的就要说是它的“茶礼”了。

所谓“英国茶礼”（English Tea Ritual）有点类似我们国家“客来敬茶”的风俗，主要是在招待客人时才会行此大礼。举行茶礼时需有一套相对于日常饮茶更隆重和更繁复的形式。

(1)烧水

当着客人的面用水壶将水烧开，以示水质的新鲜和对客人的敬重。

(2)置茶

茶礼上所用之茶不能是袋泡茶或者茶粉一类过碎的茶叶，而多是采用条形茶或碎形茶中碎片、颗粒较大的茶叶。将茶加入茶壶中，开水冲泡（也可采用烹煮的方式）。

(3)加奶

在加奶前先向客人询问其习惯口味，得到首肯后将牛奶加入茶杯中（现在越来越多的人喜欢后加奶，以便能够在饮茶前先欣赏茶汤的艳丽色泽和嗅闻茶汤的真香）。

(4)过滤

将茶滤置于茶杯杯沿之上，茶壶中倾注出来的茶汤经茶滤过滤后注入杯中。

(5)奉茶

将盛着茶汤的茶杯捧到客人面前，并向客人示意：可以根据自己的口味加奶和糖。

(6)续杯

待客人茶杯中的茶汤饮用完了之后，询问客人是否需要续杯，得到肯定后将茶壶中的茶汤再过滤后添加到客人杯中。

在行“茶礼”时，切记要保持茶汤的温度，一定不能让茶汤温度太低或者干脆变凉了，那样是极为失礼的。

● 俄罗斯红茶文化

1638年前后，茶叶传入俄罗斯，据说是当时的蒙古王作为国礼送给俄罗斯沙皇的。到17世纪下半叶，中俄之间的茶叶贸易变得频繁起来，饮茶渐渐称为俄罗斯的一种时尚。18世纪时，俄罗斯人已经开始广泛地消费茶叶了。1814年，俄罗斯的Nikitsk植物园第一次从中国引种了茶树，1885年俄罗斯开辟了第一个茶叶种植园。现在俄罗斯的茶叶种植主要集中在该国的索契（Sochi），这里是世界上纬度最高的茶叶种植区，不过俄罗斯自己生产的茶叶远远满足不了本国的消费需求，大量的还是依靠从印度、中国、斯里兰卡及非洲诸国进口。

历史上，俄罗斯人习惯将从中国进口的茶叶称之为“俄罗斯大篷车”（Russian Caravan），这是因为当年俄罗斯人和中国进行茶叶贸易之时，往往将从中国购买的茶叶用驼队运回本国，路程需要16至18个月，其间商队需要在途中搭起帐篷露宿，为保证茶叶干燥，宿营时会点起篝火烘烤茶叶。原本在中国制作时就经过烟熏这道工艺的小种红茶就熏染上了更多的木炭烟气，带有明显的焦油气味，这也成为“俄罗斯大篷车”茶的一大特色。

俄罗斯人喜欢饮用红茶，而俄罗斯人饮茶最大的特色就在于他们的烹茶器具——茶饮（Samovar）。

茶饮

茶炊据说是17世纪时由法国传入俄罗斯的，后来经过俄国人不断的改良，越来越适合俄罗斯人的饮茶习惯和当地的气候环境，到18世纪时已经基本定型成现在的形式。

传统的俄罗斯茶炊通常为银制或铜制，分为“烧水茶饮”和“煮茶茶饮”两大类，“烧水茶饮”主要是提供泡茶时所需的开水，而“煮茶茶饮”则具有烹煮红茶的功能。“烧水茶炊”的内部有一金属制的中空导管，使在其中燃烧木炭，以便煮沸茶炊锅炉中的水，可用于泡茶；“煮茶茶饮”则在锅炉上方另外附带一根导管，将锅炉中的蒸气送往茶炊顶端放置的茶壶底部，以便在茶壶中烹煮红茶，萃取茶汤。

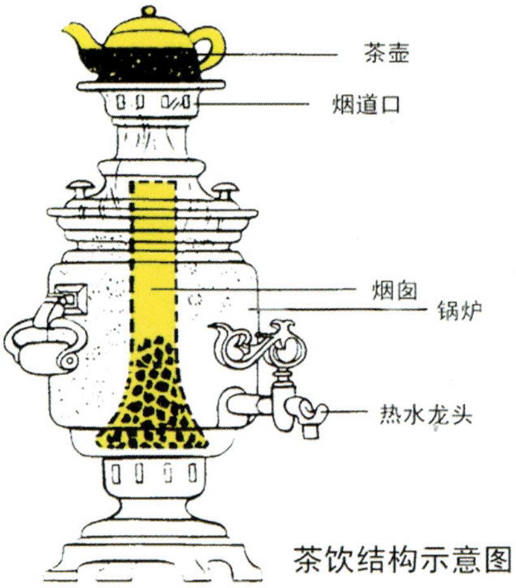

煮茶茶饮结构示意图

俄罗斯艺术家们的作品里经常会出现对茶饮和饮茶的描述，如伟大的俄罗斯诗人普希金在他的名著的《叶甫盖尼·奥涅金》中就曾这样写到：

天色转黑，晚茶的茶炊
闪闪发亮，在桌上咝咝响，
它烫着瓷壶里的茶水；
薄薄的水雾在四周荡漾。
……

俄罗斯人饮用红茶时的茶具也是相当考究的，除去精致的茶饮之外，一般还配有带有把手的瓷杯或金属茶杯，有些考究的茶杯是用玻璃制成，外面配有一只锡质雕花或镂空的带有把柄的杯托；除了茶杯之外，还会有精致的铜质或锡质茶盘、杯碟、茶匙、糖罐、茶夹等器具。

俄罗斯茶饮套具

俄罗斯人饮用红茶时很少清饮或加奶，也很少会饮用冰茶，而是喜欢在红茶中加入糖或果酱、柠檬片、朗姆酒、白兰地或者伏特加等烈酒调和在一起热饮，这是由于俄罗斯大部分地区地处高寒所致，加糖和烈酒的红茶，能够给饮用者提供更高的热量。

俄罗斯人饮用红茶时还有一种特有的糖棒，这种由糖定型制成的小棒子是饮茶时用来调节茶汤甜度的，饮茶者如果觉得自己杯中的茶汤不够甜，可以拿糖棒在杯中搅拌，以便糖棒中的糖分溶解于茶汤之中，增加茶汤的甜度。

在俄罗斯，饮茶并非一种完全的生活方式，还具有社交功能。俄罗斯人很少一个人静静地品茶，而是喜欢全家人或者一干朋友围坐在茶饮周围，边喝茶，边闲聊，或者唱歌跳舞，饮茶在这里更像是一种联络感情的聚会。

● 印度红茶文化

印度人饮茶的历史非常悠久，在印度史诗《罗摩衍那》中就有关于印度人饮茶的记载。印度的茶树源自中国，印度人将茶叫做“chai”，其音也是源于中国的“茶”字的发音。目前印度是世界上最大的茶叶生产国之一，有超过70%的茶叶供本国消费者饮用。印度出产世界上最好的红茶，大吉岭和阿萨姆红茶堪称世界之最。

印度的茶叶生产也带动了其茶文化和饮茶形式的发展。幅员辽阔，加之不同产区出产的茶叶特质的不同，造就了印度不同地域的饮茶方式和习惯的不同，印度南部多为热带平原，盛产甘蔗，蔗糖的充足使得这一带的人们更喜欢在红茶中加入大量的糖来饮用，而北方则多为山地丘陵地带，奶牛较多，牛奶便成为当地人所饮红茶中最为普遍的调料了。

印度人饮用红茶不论南北方，都很少清饮，加奶和香料调配成的奶茶是该国最常见的红茶饮品，南北方的区别只在于是否加糖或者所加的糖量的多少而已。

印度最著名的奶茶自然首推闻名世界的“印度奶茶”了。

印度奶茶也称“马萨拉茶”（Masala Chai）或“五香茶”（Spiced Tea）。马萨拉茶是印度特有的一种奶茶，选用印度本地出产的红茶，配以豆蔻、桂皮、老姜、丁香、八角香、全脂牛奶、砂糖等烹制后，将其用滤网或纱布过滤，有些用类似丝袜的纱布袋过滤，其气味强烈而刺激，茶汤中充满了香料伴着红茶的奇妙香味，有开胃、通气、祛湿寒、提神醒脑、预防感冒的作用。

印度的阿萨姆红茶劲道强烈，茶汤浓厚，最适合用来制作印度奶茶。

印度人制作奶茶的形式也因南北地域的不同而有所差异，在南方地区，人们喜欢饮用“拉茶”，而北方地区则更习惯于简单而普通的“煮茶”。

所谓“拉茶”（Teh Tarik）是将烹

印度马萨拉茶

印度街头的马萨拉茶茶摊和茶客

制好的奶茶是用两个杯子倒来倒去，来回提拉，茶汤被拉得越长，起泡越多，味道就越好。这种制作形式后来被印度移民带往了南亚和东南亚各地，甚至加入了形体元素，拉茶者在拉茶时身形不断变化，做出各种高难度动作，称之为“花式拉茶”，堪称一门艺术。

印度拉茶

印度的红茶饮用形式对全世界许多国家和地区都深有影响，据说就连著名的英国下午茶也是脱胎于印度奶茶的。

● 港台红茶文化

我国的香港和台湾地区历史上曾经长期受殖民统治，因此，这两地的红茶文化中都带有很明显的外来饮茶形式和文化内涵的影响。

1. 香港的丝袜奶茶和鸳鸯奶茶

香港人饮用红茶的习惯可以说是受了英国人极大的影响，香港人偏爱加了奶的红茶，更是对锡兰红茶情有独钟，这都带有明显的英国印记。

二次世界大战之前香港人流行饮用咖啡，到了20世纪五六十年代才开流行喝奶茶。不过最初香港的奶茶制作相对粗糙，茶汤苦涩，1952年林木河在中环摆花街开设兰芳园大排档，开始制作独特的“丝袜奶茶”之后，大大改良了香港奶茶的风味，不仅创制出风行几十年不衰的美味饮料，也大大带动了香港人的红茶消费，进而影响了香港和东南亚地区的红茶饮用形式，如今，丝袜奶茶已经称为香港茶文化的一个代表符号。

香港著名的兰芳园大排档

丝袜奶茶的制作并不复杂，先将锡兰红茶放入一只尼龙网兜中，然后将其浸沸水锅内，焖泡几分钟之后（称作“焗茶”），拎出网兜，将锅内的茶汤倒入茶壶中，再倒回锅内，来回反数次（称作“撞茶”），最后再注入加有牛奶的茶杯之中即可饮用了。丝袜奶茶的制作方式中带有明显的印度奶茶的烙印。

兰芳园大排档老板在制作丝袜奶茶

“鸳鸯奶茶”实际上是一种咖啡和红茶的混合饮料，是香港特有的一种饮品。制作鸳鸯奶茶很简单，只需将红茶茶汤和咖啡溶液以一比一的比例混合，而后加入全脂牛奶即可，饮用时根据个人口味可以选择加糖或者炼乳。鸳鸯奶茶既有咖啡的芳香，又融和了奶茶的浓滑，别有一番风味。

制作鸳鸯奶茶

2. 台湾的泡沫红茶和珍珠奶茶

台湾是一个盛产好茶的地方，所出产的优质好茶也是驰誉世界，台湾同胞在种植加工出上乘好茶的同时，也创立了特殊的好茶饮用形式，那就是“泡沫红茶”和“珍珠奶茶”。

泡沫红茶是上世纪 80 年代出现于台湾的一种特殊的调饮红茶。制作时先将冲泡后的红茶茶汤倒入调酒器，再加上蜂蜜等配料，然后上下、左右摇

台湾春水堂

动几十下，注入玻璃杯中以供饮用。因为红茶茶汤中含有皂素，经摇荡后形成了许多泡沫，盛于玻璃杯中层次分明，茶汤的艳丽与细腻的泡沫相映成趣，色香味俱佳。

泡沫红茶一说是由台湾春水堂老板刘汉介于 1983 年受日本酒吧调酒师调制鸡尾酒的启发创制的，另一说则是由台湾“小歇泡沫红茶”店（现更名为“好茶泡沫红茶”）首创。

泡沫红茶在台湾曾风靡一时，成为一种时尚的象征，让原本对红茶并无多大兴趣的台湾人，尤其是年轻人趋之若鹜。

珍珠奶茶也是台湾人首创的，其制作方法是在玻璃杯中加入溶解了奶精的红茶茶汤和糖、各种口味的果粉，充分搅拌均匀后再加入经过文火焖煮的糯米小丸子——珍珠，即可饮用。继泡沫红茶之后珍珠奶茶又在台湾掀起了一波新的时尚红茶的热潮，并很快风靡了整个东亚和东南亚地区，在我国大陆也是备受追捧。

由泡沫红茶和珍珠奶茶的兴盛和风行可以看出，台湾的红茶文化其实就是一种时尚文化的体现，是一种将时尚与传统紧密融合的产物。

● 土耳其红茶文化

土耳其茶人饮用红茶的历史很长，作为突厥人的后裔，土耳其的饮茶习俗应该至少有上千年了。

土耳其的黑海东岸的里泽省（Rize）有大面积的茶叶种植园，出产红茶和其他品种的茶叶，因此土耳其人又把本国产的茶叶称之为“里泽茶”。

饮用红茶是土耳其人的一种传统的生活方式，在全世界的穆斯林国家中，土耳其是少有的饮用红茶的国家。在土耳其，无论城乡，随处可见大大小小的茶馆，还有走街串巷身背充满土耳其风情的特制茶壶贩卖茶水的小贩，饮茶，特别是饮用红茶在这里早已深入人心。

土耳其人烹制红茶的器具很特殊，是由两个叠加在一起的金属材质的水壶组成的，称为“Çaydanlk”，通常为铜制、钢制或铝制，原理和操作类似于俄罗斯的茶饮。煮茶时先在下面一个较大的壶里加满水，置于火源之上，待水烧开后，用汤匙盛出一部分加入上面稍小的壶中，并加入红茶，而后依靠下面大壶中的蒸汽加热上部的小壶，以达到烹煮茶叶的目的，烹煮后的茶汤被注入带柄的土耳其式的茶杯中，加糖饮用。

土耳其伊斯坦布尔街头卖茶的小贩

Çaydanlik

土耳其人热情好客，当亲朋好友来到家中后，主人一定会隆重地摆出家里的 Çaydanlik，烹制出浓郁的红茶来招待客人。

土耳其人日常还喜欢泡茶馆，在充满土耳其风情的茶馆中，茶客们，特别是那些老年人，捧一杯土耳其式的红茶，围聚在一起，或闲聊，或静坐，享受着一份温馨静谧的安逸。

● 冰茶文化

冰茶（Iced tea 或 Ice tea）是一种以茶叶为主要原料加工制作出来的冷饮，分为纯味和加味的两大类，个人或饮料店、快餐厅等都能制作，更多的则是由饮料厂集约化生产而成的。冰茶最早出现于 19 世纪 70 年代，但当时人们更喜欢热饮的红茶，因此冰茶，包括冰红茶的饮用并不广泛，直至上个世纪七八十年代以后，才逐渐在全球风行开来。

饮茶原本是一种十分休闲的生活方式，无论是英国人的下午茶，还是中国人的工夫茶，都是为了享受一份闲适和优雅，但是，随着经济的发展，社会生活节奏的加快，原本温文尔雅的享受着饮茶带来的闲适安然的人们，也不得不把更多的时间用在生活的奔波、工作的劳作中去，人们越来越没有时间和心情去安享原来的悠闲了。于是，能够让人用更短的时间享受到饮茶的快感，获取茶带给人们的滋养的速食式的茶饮料纷纷诞生了，从最初的袋泡茶、速溶茶到后来的冰茶，无不是现代社会发展的产物。

立顿冰红茶

冰茶，尤其是那些被集约化生产出来的瓶装或灌装冰茶，省去了人们冲泡或烹制红茶的麻烦，也不像饮用热茶那样费时，方便易行，在今天已经成为一种快节奏生活和现代生活元素的体现。

世界上有许多国家生产和大量消费冰茶，尤以冰红茶为最，这其中多半是那些现代化程度很高的欧美国家，美国据称是世界冰茶消费的第一大国，加拿大、日本、奥地利、意大利、德国、瑞士等国的冰茶消费量也是位居前列。在这些国家中，冰茶饮料和快餐文化有机地结合起来，成为一种有别于传统红茶文化的新的文化元素。

当然，冰茶并非都是作为快餐形式出现的，在许多传统的饮茶国家，比如中国大陆、印度尼西亚、马来西亚、泰国和我国的香港、台湾等地，除去饮料厂生产的冰茶之外，人们还热衷于自制一些别有风味和特色的冰茶类饮料，像世界闻名的“泰国黑冰茶（Dark Thai iced tea）”、马来西亚的“中国冰红茶”和柠檬冰红茶等等，更多地体现出的是这些国家传统的红茶文化和习俗。即便是在美国这样的发达国家里，一些精致的小餐厅或是街头小贩们，也还是孜孜不倦地在调制他们独具特色的冰红茶，为那些追求个性，或是怀旧的消费者们提供一份不一样的享受，带来一种对流逝的时光和文化的缅怀。

美国街头卖冰茶的小贩

调饮红茶

我们前面谈到过，从饮用形式上，红茶可以分为“清饮”（也称之为“纯饮”）和调饮两大类，清饮相对简单，调饮则因其所添加的调配料的不同、调制方式的各异而衍生出几乎不胜枚举的各种配方和口味，堪称洋洋大观。在这里，我把一些常见的，相对来说简便易行的调饮红茶品种介绍给大家，感兴趣的朋友不妨在闲暇之余，自己动手，调制一款风味别致、口感甘美的调饮红茶，在口腹享受之余，也感受一份 DIY 的成果的骄傲。

● 奶茶类

1. 马萨拉茶

以 2 杯份为例

原料：

阿萨姆红茶 6 克

小豆蔻 5 枚

肉桂 1 根

生姜 5 克

丁香 5 粒

全脂牛奶 250 毫升

白砂糖 20 克

做法：

（1）将洗净后的生姜连皮一道用刀背拍散；小豆蔻捣碎至粗颗粒状。

（2）在小汤锅中注入 250 毫升左右的清水煮沸，加入小豆蔻、桂皮、生姜、丁香烹煮，水沸后文火烹煮 5 分钟。

（3）将红茶加入锅中，大火烹煮 4 分钟左右。

（4）将全脂牛奶和白砂糖倒入锅中，混合均匀并煮沸，用滤网滤掉配料和茶叶，注入杯中即可。

2. 珍珠奶茶

以 2 杯份为例

原料：

（1）红茶 6 克

（2）炼乳 30 毫升

（3）果粉（可根据个人口味选择，通常以草莓、巧克力味最佳）6 克

（4）珍珠 10 克

（5）奶精 10 克

（6）白砂糖 10 克

做法：

（1）将红茶以约 400 毫升沸水冲泡或烹煮 3 分钟后滤去茶叶待用。

（2）将奶精加入玻璃杯中并用准备好的茶汤溶解。

（3）将炼乳、果粉和砂糖加入玻璃杯中，搅拌均匀。

（4）将锅内注入清水煮沸，加入珍珠，水沸后以文火焖煮约 30 分钟后捞出，倒掉锅内的水，重新注入清水煮沸后再将先前的珍珠加入锅内，水沸后文火焖煮 10 分钟后捞出沥干。

（5）将煮好的珍珠加入玻璃杯中，与杯内混合了配料的茶汤一道搅拌均匀，插入粗大的吸管即可。

如果在做好后加入冰块即为冰珍珠奶茶。

3. 丝袜奶茶

以 2 杯份为例

原料：

（1）红茶（最好选用拼配的英式下午茶）2 克

（2）奶精 40 克

（3）白砂糖 20 克

做法：

（1）将 400 毫升清水注入锅中煮沸后加入红茶搅拌均匀，再沸后改为文火焖煮 10 分钟左右，而后大火再次充分沸腾。

（2）将煮好的茶汤用滤网滤去其中的茶叶。

（3）在茶杯中加入奶精和砂糖后，将茶汤注入，搅拌均匀即可。

倘若将制成后的奶茶冷却后加入冰块，就成了冰丝袜奶茶。

4. 鸳鸯奶茶

以 2 杯份为例

原料：

（1）红茶 2 克

（2）速溶咖啡 8 克

（3）奶精 40 克

（4）白砂糖 20 克

做法：

（1）将 200 毫升清水注入锅中煮沸后加入红茶搅拌均匀，再沸后改为文火焖煮 10 分钟左右，而后大火再次充分沸腾。

（2）将煮好的茶汤用滤网滤去其中的茶叶。

（3）将速溶咖啡以 200 毫升沸水溶解。

（4）将茶汤和咖啡液注入加有奶精和砂糖的瓷质或玻璃茶杯中，搅拌均匀即可。

倘若将制成后的奶茶冷却后加入冰块，就成了冰鸳鸯奶茶。

5. 皇家奶茶

以 1 杯份为例

原料：

（1）袋泡红茶一包

（2）牛奶 90 毫升

（3）蜂蜜 1 茶匙

（4）白砂糖 5 克

做法：

（1）将 110 毫升清水和牛奶注入锅或壶中煮至初沸，加入袋泡红茶，煮沸后关掉火源。

（2）将锅或壶盖上盖子，焖泡 3–4 分钟。

（3）另以沸水将待用之茶杯冲洗温杯。

（4）将茶包取出，并将焖泡好的奶和茶汤混合液注入茶杯中，加入蜂蜜和砂糖搅拌均匀即可。

倘若将制成后的奶茶冷却后加入冰块，就成了冰皇家奶茶。

6. 伯爵奶茶

以 2 杯份为例

原料：

（1）英式伯爵红茶 8 克

（2）全脂牛奶适量

做法：

（1）温壶、温杯后，将伯爵茶加入茶壶中，以约 380 毫升的沸水焖泡 3–4 分钟。

（2）将牛奶加热至 70°C 左右。

（3）将茶壶中的茶汤用茶滤过滤后注入茶杯中，根据个人口味加入热牛奶即可。

7. 拿铁红茶

这款红茶是从赫赫有名的拿铁咖啡演化而来的。

以 1 杯份为例

原料：

（1）红茶 3 克（或袋泡红茶 1 包）

（2）鲜牛奶 100 毫升

（3）白砂糖适量

做法：

（1）将 100 毫升清水注入壶或锅中煮沸后加入红茶烹煮 4–5 分钟。

（2）将牛奶加热至 70°C 后用打泡器打成奶泡。

（3）将茶汤中的茶叶用茶滤滤去后注入温过的茶杯中，将奶泡淋于茶汤表面。

（4）饮用时根据个人口味加入适量白砂糖搅拌均匀即可。

倘若有技术和条件，还可在茶汤表面以奶泡拉花，更为赏心悦目。

● 冰茶类

1. 冰红茶

以 2 杯份为例

原料：

（1）红茶 12 克

（2）白砂糖 100 克

（3）碎冰块适量

做法：

（1）将 80 毫升水注入锅中煮沸，加入白砂糖，使之完全溶解。

（2）将温过的茶壶中加入红茶后冲入约 350 毫升沸水，焖泡 3–4 分钟。

（3）用茶滤滤去茶汤中的茶叶后注入杯中。

（4） 将碎冰放入茶杯至七分满，而后迅速将茶壶中的红茶茶汤注入杯中，用长柄茶匙稍加搅拌后即可饮用。

根据个人口味，还可在杯中加入柠檬片等水果，别有一番风味。

2. 柠檬蜂蜜冰红茶

以 1 杯份为例

原料：

（1）红茶 4 克

（2）鸡蛋 1 只

（3）蜂蜜 20 克

（4）白砂糖 40 克

（5）柠檬汁 20 毫升

（6）碎冰块适量

做法：

（1）将红茶加入温好的茶壶，以 200 毫升沸水焖泡约 3–4 分钟。

（2）将除去蛋清的蛋黄和蜂蜜一道在玻璃杯中搅拌均匀。

（3）将茶汤中的茶叶滤去后注入玻璃杯中搅拌均匀。

（4）在杯中加入柠檬汁后再加入适量碎冰，略事搅拌，插上吸管即可饮用。

3. 泡沫红茶

以 2 杯份为例

原料：

（1）红茶 6 克（或袋泡红茶 2 包）

（2）蜂蜜 2 茶匙

（3）可可粉 10 克

（4）碎冰块适量

做法：

（1）将约 300 毫升清水煮沸后加入红茶，焖煮约 5 分钟后，滤去茶叶，自然冷却。

（2）在调酒器中加入三分之一到一半的碎冰块，依次加入可可粉和蜂蜜。

（3） 将冷却后的茶汤注入调酒器，盖上盖子，疾速摇晃三四十下。

（4）将摇好的充满泡沫的茶汤注入玻璃杯，插上吸管即可饮用。

4. 泰国黑冰茶

以 1 杯份为例

原料：

（1）红茶 6 克（或袋泡红茶 2–3 包）

（2）炼乳 40 毫升

（3）橙花水 10 毫升

（4）白砂糖 10 克

（5）碎冰块适量

做法：

（1） 将红茶用 150 毫升清水烹煮 5 分钟左右。

（2）炼乳、砂糖加入玻璃杯中。

（3） 注入滤去茶叶的茶汤，搅拌均匀。

（4）加入碎冰块后淋上橙花水，略事搅拌即可饮用。

如果再加入鲜柠檬片或鲜薄荷叶就可制成“泰国冰柠檬红茶”或“薄荷冰红茶”。

5. 美式冰茶

以 1 杯份为例

原料：

（1）伯爵红茶 3 克

（2）时令水果（如苹果、草莓、猕猴桃、芒果、菠萝、樱桃、哈密瓜等均可）50 克

（3）白砂糖 5 克

（4）碎冰块适量

做法：

（1）将红茶以 150 克清水烹煮 5 分钟左右，滤去茶叶冷却待用。

（2）将水果切成小丁。

（3）将茶汤注入玻璃杯中，加入砂糖搅拌均匀后加入水果丁。

（4）将冰块加入杯中，略事搅拌即可。

水果可为单一品种，也可几种水果拼配后一同使用，调制完成后还可在杯口加上柠檬片或其他水果装饰。

6. 秘密冰茶

这款冰茶和“美式冰茶”无论原料还是制作上都大同小异，只是在“美式冰茶”制作完成后，再在杯中注入 15 毫升左右的朗姆酒或伏特加即可。

7. 冰激凌红茶

以 1 杯份为例

原料：

（1）红茶 3 克（或袋泡红茶 1 包）

（2）冰激凌球 1 只

（3）鲜牛奶 30 毫升

（4）蜂蜜 1 茶匙

（5）碎冰块适量

做法：

（1）将红茶以 100 毫升沸水冲泡，焖泡 3 分钟后滤去茶叶。

（2）将茶汤注入杯中，加入蜂蜜调匀后自然冷却。

（3）将碎冰加入杯中，使之与茶汤混合达到玻璃杯容量的七成满即可。

（4）最后加入冰激凌球，将牛奶缓缓注入后，插上吸管或长柄茶匙即可。

● 水果和花草茶

1. 苹果红茶

以 1 杯份为例

原料：

（1）红茶 3 克（或袋泡红茶 1 包）

（2）苹果半只

（3）苹果汁 100 毫升

（4）蜂蜜 1 茶匙

做法：

（1）将红茶以 100 毫升清水煮沸后，文火煮 3 分钟，滤去茶叶待用。

（2）将苹果汁煮沸后加入蜂蜜调匀，再加入煮好的茶汤。

（3）将苹果切成小丁或薄片后加入锅内，与苹果汁和茶汤的混合液一道烹煮约 3 分钟后装入杯中即可饮用。

2. 鲜橙柠檬薄荷冰茶

以 1 杯份为例

原料：

（1）袋泡红茶 1 包

（2）鲜橙汁 30 毫升

（3）柠檬片 2–3 片

（4）鲜薄荷叶 30 克

（5）碎冰块适量

做法：

（1）将袋泡红茶以沸水冲泡 3 分钟制成茶汤。

（2）将薄荷叶加入玻璃杯。

（3）将鲜橙汁注入杯中。

（4）注入茶汤，加入柠檬片。

（5）最后加入适量的碎冰，以长柄茶匙搅拌均匀即可饮用。

3. 潘趣玫瑰茶

原料：

（1）袋泡红茶 6 包

（2）玫瑰花适量

（3）玫瑰红酒 150 毫升

（4）柠檬 3 个

（5）白砂糖适量

做法：

（1）将2只半柠檬榨汁后待用，剩下的半只切成片或块状。

（2）将袋泡红茶以800毫升沸水冲泡3分钟，冷却待用。

（3）将冷却后的茶汤注入潘趣缸中，加入柠檬汁、柠檬片或块及玫瑰红酒，搅拌均匀。

（4）根据个人口味加入砂糖搅匀。

（5）最后在表面撒上一些玫瑰花花瓣作为装饰即可。

4. 水蜜桃红茶

以1杯份为例

原料：

（1）袋泡红茶1包

（2）水蜜桃1/4只

（3）柠檬半只

（4）蜂蜜1茶匙

做法：

（1）水蜜桃去核后切片，柠檬榨汁后待用。

（2）将水蜜桃片加200毫升水煮沸。

（3）将柠檬汁和蜂蜜加入锅内搅匀。

（4）将袋泡红茶加入锅内，烹煮3–4分钟后关掉火源，取出茶包冷却后即可饮用。

5. 西柚蜜茶

以 1 杯份为例

原料：

（1）红茶 3 克（或袋泡红茶 1 包）

（2）西柚半只

（3）白砂糖 20 克

（4）碎冰块适量

做法：

（1）将西柚榨汁待用。

（2）红茶用 200 毫升清水烹煮 5 分钟，滤出茶叶。

（3）将砂糖加入茶汤中，搅拌溶解后冷却。

（4）将适量碎冰加入杯中至七分满。

（5）将冷却后的红茶茶汤注入杯中，最后淋上西柚汁即可。还可在杯口加上一片柠檬片作为装饰。

6. 薄荷冰茶

以 1 杯份为例

原料：

（1）袋泡红茶 1 包

（2）鲜薄荷叶 20 克

（3）碎冰块适量

做法：

（1）将袋泡茶以沸水冲泡 3 分钟制成茶汤。

（2）将薄荷叶加入玻璃杯。

（3）注入茶汤，加入适量的碎冰，以长柄茶匙搅拌均匀即可饮用。

7. 红茶毛吉托

毛吉托（Mojito）是一款著名的鸡尾酒的名字，后来被红茶爱好者们加以改造，以它的基本配料和调制方法来调配出一种鸡尾酒式的红茶饮料——红茶毛吉托。

以 1 杯份为例

原料：

（1）红茶 3 克（或袋泡红茶 1 包）

（2）柳橙半只

（3）白砂糖 5 克

（4）鲜薄荷叶适量

（5）碎冰块适量

做法：

（1）将红茶加入适量清水，烹煮 3 分钟，浸出的茶汤滤除茶叶后至 45 毫升为宜，冷却待用。

（2）柳橙切片后，将果汁挤入平底玻璃杯或专用鸡尾酒杯中。

（3）在杯中加入砂糖，用柳橙汁将其溶解。

（4）将榨汁后的柳橙片和薄荷叶一并加入杯中，在杯中加入适量碎冰。

（5）注入冷却后的红茶茶汤，搅拌均匀，插入吸管即可饮用。

调饮红茶的种类还有很多，在这里我们就不一一列举了。实际上，在日常生活中，每一个人都可以根据自己的口味来动手调配属于自己的红茶饮料，并不需要墨守成规，只要口味调配得当，营养搭配合理，就完全可以创制出个性十足，独特美味，完全属于你自己的红茶饮料来！

Bla

k Tea

Blac

Tea

Tea

Black

Tea

Bla

k Tea

Blac

Tea